SAIA PELA TANGENTE

PAULO SAVAGET
SAIA PELA TANGENTE

AS ESTRATÉGIAS DE EMPRESAS OUSADAS PARA CONTORNAR PROBLEMAS COMPLEXOS

Tradução de Antenor Savoldi Jr.

Copyright © 2023, Savaget Limited.
Todos os direitos reservados.

TÍTULO ORIGINAL
The Four Workarounds

PREPARAÇÃO
Leandro Kovacs

REVISÃO
Rodrigo Rosa

PROJETO GRÁFICO
Steven Seighman

DIAGRAMAÇÃO
Henrique Diniz

DESIGN E ILUSTRAÇÃO DE CAPA
Larissa Lima

CIP-BRASIL. CATALOGAÇÃO NA PUBLICAÇÃO
SINDICATO NACIONAL DOS EDITORES DE LIVROS, RJ

S277s

    Savaget, Paulo
    Saia pela tangente : as estratégias de empresas ousadas para contornar problemas complexos /Paulo Savaget ; [tradução Antenor Savoldi Jr.]. - 1. ed. - Rio de Janeiro : Intrínseca, 2024.
    288 p. ; 21 cm.

    Tradução de: The four workarounds : strategies from the world's scrappiest organizations for tackling complex problems

    ISBN 978-85-510-0958-1Tomada de decisão.

    1. Psicologia positiva. 2. Raciocínio. 3. Intuição (Psicologia). 4. Solução de problemas. 5. Processo decisório. I. Savoldi Jr., Antenor. II. Título.

24-92297
    CDD: 153.4
    CDU: 159.956

Meri Gleice Rodrigues de Souza - Bibliotecária - CRB-7/6439

[2024]
Todos os direitos desta edição reservados à
EDITORA INTRÍNSECA LTDA.
Av. das Américas, 500, bloco 12, sala 303
Barra da Tijuca, Rio de Janeiro – RJ
CEP 22640-904
Tel./Fax: (21) 3206-7400
www.intrinseca.com.br

*Para Janjan, Miltão e Ju,
com muito amor,
apreço e admiração*

Sumário

Nota sobre a tradução   9
Nota do autor   11
Introdução   13

PARTE I: AS QUATRO TANGENTES

1. A carona   23
2. A brecha   61
3. A rotatória   99
4. O túnel   127

PARTE II: USANDO TANGENTES

5. Postura   157
6. Mentalidade   181
7. Pilares   199
8. As tangentes em sua organização   223
Epílogo: As tangentes fora do ambiente de trabalho   249

Agradecimentos   253
Notas   257

Nota sobre a tradução

Muito se fala do que se perde com uma tradução — tanto que acabamos negligenciando aquilo que ganhamos com o intraduzível.

Eu sou brasileiro e meus anos formativos foram em Minas Gerais. Hoje, sou professor na Universidade de Oxford. Estou cercado de palavras intraduzíveis.

Quando ouço *pineapple*, penso em uma fruta pálida, cortada transversalmente e embalada em uma triste bandeja de plástico. Quando ouço 'abacaxi', penso na minha mãe. Os casos de Abacaxis — a vila onde ela cresceu, no interior de Minas Gerais — são tão mágicos, mas também tão reais, que me remetem às obras do Gabriel García Márquez e da Isabel Allende. Lembro também do suco de abacaxi que, quando feito na hora, forma uma deliciosa espuma por cima, ótima de comer com colher. Lembro da minha avó Tina, que não gostava do miolo do abacaxi — justamente a minha parte preferida, olha que sorte! Ah, e do caminhão que vendia abacaxi de Marataízes: o mais docinho e amarelinho. Nunca dava para saber quando ele estaria parado ali, no caminho de casa.

Palavras são cheias de significados que não estão nos dicionários. Algumas quiçá possuem tradução literal. *Workaround*, palavra central na versão original deste livro e que aqui ficou traduzida como "sair pela tangente" ou apenas "tangente", é uma delas. Para nós que estivemos envolvidos na tradução de inglês para português, isso trouxe dificuldades; afinal, tínhamos que exprimir a conotação de uma palavra que não se traduz literalmente para o português. Mas para você, leitor brasileiro, isso pode ser uma oportunidade de conectar experiências estrangeiras com aquilo que lhe é mais familiar. Um *workaround* tem um pouco de jeitinho, malemolência, ziriguidum e jogo de cintura. Daquele drible que gera mais admiração do que um gol. Daquilo que nós, na minha terrinha, chamamos de comer pelas beiradas. Lembra, até mesmo, a forma como Guimarães Rosa diferenciou uma trajetória em "tangente" daquela em "secante".

Espero que, para você, *sair pela tangente* seja isso e muito mais. Que desafios de tradução venham a gerar novos aprendizados e conexões entre o que não traduz, mas se sente, vive e comunica de formas diferentes, em muitos lugares e idiomas. E, sobretudo, espero que este livro valorize a engenhosidade brasileira em lidar com problemas complexos. Uma engenhosidade expressada por tantas palavras intraduzíveis — e, logo, tão significativas!

Nota do autor

A primeira vez que tive que contornar um obstáculo foi antes mesmo de aprender a andar. Quando eu tinha dez meses, tive uma diarreia que colocou minha vida em risco. Incapaz de absorver alimentos e água, sofri de desnutrição e desidratação graves, causando perda de peso rápida e queda de cabelo. Meus pais precisaram encontrar um jeito de salvar a minha vida.

Havia duas maneiras de tratar minha condição: a fórmula infantil ou o leite materno. O problema era que minha mãe não podia mais me amamentar, não havia fórmula infantil disponível em Belo Horizonte e os bancos de leite materno estavam em greve. Minha família precisava de uma saída, e rápido. Pelo boca a boca, eles localizaram jovens mães que moravam em favelas e que generosamente me alimentaram junto a seus próprios bebês. Meus pais sabiam que havia o risco de transmissão de doenças como o HIV pelo leite materno. Também sabiam que essa alternativa só era possível por causa das desigualdades tão enraizadas no país, que fazem com que muitas soluções para os problemas de classes altas com frequência sejam encontradas em locais de alta vulnerabilidade social. Mas, naquele momento, tiveram que fazer uma escolha, mesmo que imperfeita. E funcionou. Se meus pais não tivessem encontrado essa solução, eu teria perdido mais de 10% dos meus fluidos corporais e morrido — assim como as cerca de

1,7 milhão de crianças com menos de 5 anos que morreram de diarreia em todo o mundo naquele ano.¹

Essa abordagem adotada pelos meus pais, embora pouco convencional, remete a uma questão mais ampla.

Constantemente nos deparamos com problemas complexos em casa, nos nossos locais de trabalho e na sociedade de um modo geral. Ainda que tivéssemos todo o tempo e dinheiro do mundo, nem sempre é possível encontrar uma forma de atravessar os obstáculos. Então, o que devemos fazer, especialmente quando não podemos esperar? A resposta: sair pela tangente.

Sair pela tangente me ajuda a lidar com meus problemas e, depois de ler este livro, você também saberá como fazer isso. O conteúdo que você está prestes a ler descreve como podemos contornar nossos problemas de maneira eficaz e com o mínimo de complicações. Ao mesmo tempo que driblamos graciosamente nossos obstáculos, podemos explorar alternativas não convencionais em situações que vão desde problemas do dia a dia até alguns dos desafios mais difíceis do mundo.

Introdução

Eu não planejava estudar tangentes. Deparei com elas enquanto procurava maneiras engenhosas de resolver problemas complexos. Atualmente sou professor associado do Departamento de Engenharia e da Saïd Business School da Universidade de Oxford, e trabalho com pesquisas aplicadas para transformar sistemas injustos. Antes de me tornar acadêmico, minha formação combinava um conjunto de atividades aparentemente desconexas. Segui caminhos que mesclavam meu entusiasmo pelo empreendedorismo com minhas preocupações acerca dos desafios sociais e ambientais, como a pobreza, a desigualdade e as mudanças climáticas. Ajudei a fundar empresas, dei aulas a executivos, me envolvi com organizações sem fins lucrativos e trabalhei como consultor para projetos em diferentes contextos, desde escritórios luxuosos de grandes empresas e organizações intergovernamentais até regiões remotas da Amazônia e favelas.

O trabalho de consultoria me trouxe a oportunidade de observar realidades muito diferentes da minha. No entanto, quer eu estivesse fazendo recomendações para políticas científicas e tecnológicas em países de alta renda ou avaliando projetos sociais com populações tradicionais na floresta tropical, meus relatórios (e, na verdade, todos os estudos que li) traziam recomendações muito parecidas, como "colaborar mais ativamente", "melhorar a coordenação e o alinhamento dos envolvidos" e "planejamento a longo prazo". Essas recomendações não estão erradas, mas são genéricas demais. Falham em não sugerir os próximos passos, sobretudo em situações em que não é possível esperar para solucionar um problema difícil.

Com o tempo, fiquei cada vez mais desiludido com os profissionais de gestão. Os gurus empresariais pareciam ter a tendência de ignorar grupos que não estavam pagando. Pior ainda, ao longo da última década, as grandes empresas têm tentado convencer as organizações sem fins lucrativos a serem mais parecidas com elas. Mas meu trabalho com ONGs me ensinou que as empresas tinham muito a aprender com essas pequenas organizações que causam impactos incríveis. Chamo essas pequenas organizações de ousadas porque são combativas, engenhosas e operam à margem do poder. Organizações ousadas precisam pensar rapidamente por necessidade e, apesar de serem aparentemente desengonçadas, muitas vezes persistem e têm sucesso *em virtude de* seus métodos não convencionais. No mundo dos negócios, no entanto, aprender com a inovação e a engenhosidade desses "patinhos feios" era um território desconhecido.

Isso me inspirou a olhar para figuras transgressoras — até criminosos — que causaram mudanças impactantes. Certa vez, enquanto procrastinava no trabalho, deparei com a história de um hacker cibercriminoso, Albert Gonzalez, no *New York Times*, que seria digna de filme. Em 1995, aos 14 anos, Gonzalez era o líder de um astuto grupo de nerds da tecnologia da informação que invadiram a NASA, chamando a atenção do FBI. Cerca de treze anos depois, e após muito pouco treinamento formal, Gonzalez estava sendo processado em um dos maiores e mais complexos casos de roubo de identidade do mundo. Na contagem final, ele e seus colegas roubaram mais de 170 milhões de números de cartões de crédito e códigos de caixas eletrônicos.[1]

Não me entenda mal, eu não estava particularmente interessado nas motivações criminosas de Gonzalez, mas fiquei surpreso ao ver como ele e muitos outros hackers com poucos recursos e treinamento tinham sido capazes de quebrar e invadir sistemas de computador. Eu não sabia nada sobre códigos, mas os hackers me intrigavam, e não consegui encontrar muita informação sobre eles na época. Os professores de gestão pareciam desejar olhar para o caso dos hackers na intenção apenas de discutir a questão da segurança cibernética, e os jornalistas pareciam mais interessados em reforçar estereótipos negativos sobre essas figuras do que em revelar *como* faziam aquilo. Apesar das coisas fascinantes que faziam por trás das telas dos computadores, sabíamos muito pouco sobre seus métodos.

Ali eu soube que precisava aprender mais sobre os hackers.

Comecei meu doutorado na Universidade de Cambridge, como bolsista da Fundação Gates, com uma pergunta em mente: podemos aprender com os hackers e implantar seus métodos para enfrentar os desafios socioambientais mais urgentes do nosso planeta?

Antes da minha pesquisa, a academia nunca havia considerado a atividade hacker como uma forma de compreender ou acelerar mudanças no mundo real. Comecei entrevistando algumas dessas pessoas para descobrir como elas fazem o que fazem. Percebi que é da natureza humana ter coragem para enfrentar os obstáculos, mas que isso muitas vezes nos faz bater a cabeça contra a parede. O segredo dos hackers é que eles atravessam territórios inexplorados e, em vez de enfrentar os eventuais gargalos no percurso, eles saem pela tangente. Nesse processo, encontram caminhos que talvez não resolvam os problemas de uma vez só, mas lhes permitem obter resultados imediatos e bons o suficiente. E ganhos rápidos podem às vezes abrir caminho para mudanças grandes e imprevisíveis.

A maneira como os hackers agem também me fez perceber que as pessoas muitas vezes seguem formas convencionais de fazer as coisas para agilizar suas respostas às tarefas diárias. Pense sobre como você tem "o jeito" específico de fazer um monte de coisas: o jeito como cozinha macarrão, o jeito como usa um martelo, o jeito como responde às autoridades, o jeito como escreve um e-mail... Embora essas regras explícitas ou práticas habituais nos ajudem a lidar com a rotina sem nos esforçarmos demais, elas também limitam o universo de possibilidades que enxergamos e buscamos. De forma não intencional, acabamos não explorando outras maneiras de cozinhar macarrão ou de usar um martelo, e subconscientemente também descartamos outras maneiras de abordar uma autoridade e formas criativas de escrever um e-mail.

À medida que me aprofundava nas comunidades de hackers on-line, também descobri que essa atividade não se limita ao mundo da computação. Como escreveu Paul Buchheit, criador e principal desenvolvedor do Gmail: "Onde quer que existam sistemas, há potencial para a atividade hacker, e existem sistemas em todos os lugares."[2]

Essa descoberta foi um ponto de virada em meu trabalho. Percebi que minha premissa original estava errada: muitas vezes, as organizações que o mundo dos negócios tende a considerar como ousadas estavam, na prática, "hackeando" seus próprios problemas — muito embora não usassem esse termo. Ao contornarem os obstáculos, elas conseguiam deixar um legado poderoso, especialmente ao se tratar de questões que, apesar dos esforços, pareciam ficar sem solução.

Em seguida, redirecionei minha pesquisa para explorar como empreendedores, acadêmicos, empresas, organizações sem fins lucrativos, grupos comunitários e até formuladores de políticas contornam seus obstáculos, tanto on-line quanto off-line, para "hackear" todo tipo de problema, desde respostas globais a alguns dos desafios mais difíceis do mundo, como pandemias, desigualdade de gênero e pobreza, até inconveniências do cotidiano. Esse redirecionamento me levou a lugares inesperados, e tive o privilégio de aprender com essas organizações ousadas que, além de tudo, não recebem o crédito merecido.

Toda pesquisa exploratória começa com um voyeurismo descarado. Os pesquisadores só querem bisbilhotar o que é desconhecido. Assim, com a ajuda de bolsas de pesquisa e premiações da Fundação Gates, da Universidade de Cambridge, da Fundação Ford, do Santander e do IBM Center for the Business of Government, durante três anos viajei por nove países para estudar casos de organizações que adotavam abordagens semelhantes às dos hackers para solucionar problemas urgentes relacionados a saúde, educação, direito ao aborto, preconceito entre castas, saneamento e corrupção. Na busca por soluções criativas, aprendi com pessoas nada convencionais, que vão desde médicos a líderes de tribos indígenas e ativistas.

Depois dessas interações, chegou a hora de fazer o que os pesquisadores fazem de melhor: encontrar padrões. Confesso que essa tarefa foi muito mais tediosa do que o trabalho de campo. Impulsionado por altas doses de cafeína e carboidratos, passei meses lendo, sintetizando, categorizando e comparando os dados que havia coletado em campo.

O que esses desbravadores tinham em comum? Como abordavam seus respectivos problemas? Essas questões me ajudaram a encontrar alguns tópicos recorrentes: os criadores desses atalhos tendem a desconfiar das autoridades, prosperam no imediatismo, pensam de forma não convencional e flexível. Contudo, por mais úteis que essas primeiras observações tenham sido para a minha dissertação, elas me pareciam mais com uma introdução do que com uma conclusão. Quanto mais eu pensava sobre esses padrões, mais queria me concentrar e aprender sobre o *método* por trás dessas soluções não convencionais, que passei a chamar de tangentes. Mergulhei nas transcrições das minhas entrevistas para "deixar os dados falarem" (uma técnica que os pesquisadores adoram), na esperança de encontrar padrões. Infelizmente, a conversa parecia ter só um lado, e eu não quis torturar meus dados para obter uma confissão não confiável. Então recuei e abordei cada caso isoladamente. Começando do início: O que aconteceu? E depois? E o que houve a seguir?

Para minha surpresa, percebi que, apesar dos diferentes cenários, personagens e enredos, as histórias se desenrolavam de maneira semelhante. À medida que me afastei dos dados e observei cada caso individualmente, surgiram padrões. Todos os protagonistas das minhas histórias saíram pela tangente. Usaram ao menos um entre quatro tipos de tangente, os quais denominei "a carona", "a brecha", "a rotatória" e "o túnel".

Uma vez identificadas essas quatro abordagens, comecei a encontrar tangentes em todos os lugares. Lógico, as organizações mais ousadas talvez estejam em situações propícias ao uso dessas táticas flexíveis, porém, começou a ficar evidente para mim que as saídas pela tangente não acontecem apenas em organizações com orçamentos apertados, mas também em importantes casos jurídicos e até nos contos de fadas — cheguei a encontrá-las nas mesmas corporações que eu estava determinado a *não* investigar. Para minha surpresa, algumas das organizações mais poderosas do mundo fazem uso de estratégias pouco convencionais quando há muito em jogo e não há tempo para os longos processos habituais de tomada de decisão.

Tangentes são métodos eficazes, versáteis e acessíveis para resolver problemas complexos. Juntos, exploraremos cada um dos quatro tipos de tangente, determinando seus princípios fundamentais, entrelaçando histórias diferentes e por vezes inesperadas, cujos protagonistas variam desde empregadas domésticas a políticos influentes. Viajaremos de águas internacionais para terrenos digitais clandestinos; das salas de reuniões de grandes empresas aos laboratórios de inventores; e da zona urbana de Deli até alguns dos locais de mais difícil acesso do planeta, como a zona rural da Zâmbia. Esses capítulos lhe darão a oportunidade de mergulhar em novos cenários e aprender com histórias não convencionais. Eles desafiarão a forma como você pensa sobre a solução de problemas e mostrarão como as tangentes podem ajudá-lo com os obstáculos que você encontra a todo momento.

A Parte I oferece uma definição de tangentes e fala sobre como criá-las. Na Parte II, aprofundo-me em como cultivar uma atitude e uma mentalidade favoráveis à tangentes, incluindo maneiras de refletir sobre como você costuma ver, julgar e abordar seus obstáculos. Depois, do ponto de vista mais prático, vou mostrar como é possível conceber tangentes para seus problemas de forma sistemática, e como seu local de trabalho pode se tornar mais propenso a essa abordagem. Concluo com uma reflexão sobre como as tangentes podem ajudar em nossa — muitas vezes confusa — vida diária.

Por mais que este livro compartilhe minha pesquisa, meu objetivo é que você seja capaz de identificar as tangentes que já usou, e que reflita sobre como uma abordagem diferente poderia ter mudado a maneira como você encarou e abordou os desafios, aprendendo os fundamentos para avaliar e interagir com os novos obstáculos que surgirem. Portanto, se estiver interessado em mergulhar em histórias não convencionais — se desafiando a pensar de forma diferente sobre tomada de decisão e estratégias de gestão e sobre como enfrentar o *status quo* para resolver seus problemas — por favor, continue lendo.

Parte I

As quatro tangentes

A saída pela tangente é uma forma criativa, flexível e imperfeita de lidar com problemas. Em essência, uma tangente é um método que ignora ou até desafia as convenções sobre como e por quem um problema deve ser resolvido. É particularmente adequada quando os métodos tradicionais de solução de problemas falharem sistematicamente, ou quando você não dispõe do poder ou dos recursos necessários para seguir a abordagem convencional.

Existem quatro tipos de tangente, e cada um usa um atributo diferente. A "carona" tira proveito de sistemas ou relacionamentos preexistentes, mas aparentemente não relacionados. A "brecha" se concentra na aplicação seletiva ou na reinterpretação das regras que tradicionalmente definem uma situação. A "rotatória" quebra ou perturba padrões de comportamento que se autorreforçam. Por fim, o "túnel" reaproveita ou combina recursos prontamente disponíveis para encontrar maneiras diferentes de fazer as coisas.

Qualquer pessoa pode acabar deparando com uma tangente, mas conhecer essas abordagens vai permitir que você as busque de forma intencional.

I
A carona

Certa vez, visitei como consultor uma região remota da Amazônia brasileira onde só era possível chegar de barco. Os habitantes locais viviam numa área cujo ambiente era protegido e, por estarem sem dinheiro e isolados das áreas urbanas, tinham acesso a apenas alguns produtos industrializados. Quando cheguei, eles generosamente me convidaram para almoçar. Recebi uma refeição com iguarias da região, incluindo saborosos peixes do rio Amazonas, completamente novos para mim, além de uma garrafa de Coca-Cola.

Não importa para onde eu tenha viajado, em todos os lugares refrigerantes como Coca-Cola e Pepsi estavam presentes. Mas o que nunca havia me ocorrido era o papel que um engradado de Coca-Cola poderia desempenhar para aqueles que procuram contornar obstáculos críticos a fim de levar medicamentos às comunidades isoladas. Em Zâmbia, havia um casal que tentava resolver o problema do acesso aos medicamentos aproveitando os fluxos existentes do comércio de Coca-Cola. Em sua abordagem criativa, eles forneceram um exemplo de um tipo de saída pela tangente que batizei de "carona".

Muitas vezes, somos sobrecarregados pela inércia dos padrões e dos hábitos, e esquecemos de observar conexões não tradicionais. Tangentes do tipo carona podem nos ajudar a encontrar oportunidades em situações em que ficamos, rigidamente, no nosso próprio quadrado, ignorando as potencialidades de novas conexões. É uma estratégia que pode ser utilizada por todos, desde organizações sem fins lucrativos em países de baixa renda[1] até grandes corporações no Vale do Silício. Antes de nos aprofundarmos no que aprendi com esse casal, vamos dar uma olhada no que implica uma tangente carona.

O QUE É UMA TANGENTE CARONA?

A tangente carona nos permite contornar todos os tipos de obstáculos e resolver nossos problemas usando relações que aparentemente não existiam. Como a carona é baseada nas interações de diversos atores ou sistemas, os relacionamentos variam de caso a caso. Esse tipo de comportamento não é encontrado só nas interações humanas — pode acontecer em qualquer lugar da natureza.

Em termos biológicos, as relações simbióticas aproveitam o que "já existe" dentro do ecossistema. Essas relações podem ser mutualistas, comensalistas ou parasitárias.[2]

Uma relação mutualista beneficia ambas as espécies. Por exemplo, pense no caso do peixe góbio e do camarão, duas espécies que passam muito tempo juntas dentro e ao redor da toca de areia construída e mantida pelo camarão. A toca fornece ao peixe góbio um refúgio para se esconder de predadores e colocar seus ovos, e o peixe góbio, em troca, encosta sua cauda no camarão, que é quase cego, como um aviso para recuar para a toca quando um predador se aproxima.

Uma relação comensalista é aquela na qual uma espécie se beneficia e a outra não é afetada. Por exemplo, a rêmora é um peixe pequeno que se liga às barbatanas de animais maiores, como os tubarões. O tubarão mal sente a presença das rêmoras, mas elas se beneficiam das "caronas gratuitas", das sobras de alimentos e da proteção contra predadores, que não se atrevem a chegar muito perto de um tubarão.

Como a maioria de nós sabe, uma relação parasitária é aquela em que uma espécie se beneficia às custas de outra. Pense um pouco sobre as lombrigas, parasitas que se valem de seus hospedeiros para obter comida, água e um espaço para se reproduzir. O hospedeiro é prejudicado no processo, apresentando sintomas como febre, tosse, dor abdominal, vômito e diarreia.

As tangentes carona podem ser semelhantes: as relações entre organizações podem ser mutualistas, comensalistas ou parasitárias, às vezes de maneiras surpreendentes. À medida que examinarmos os próximos exemplos de organizações ousadas, veremos a flexibilidade da carona, tanto em termos das relações utilizadas, quanto dos objetivos pretendidos.

PEGANDO CARONA NA COCA-COLA

Agora voltemos à Coca-Cola e ao casal britânico Jane e Simon Berry, que descobriu uma forma incrível de fazer uso prático do sistema de distribuição de refrigerantes. O casal fundou a ColaLife, uma organização sem fins lucrativos que conseguiu ultrapassar os gargalos que dificultavam o acesso a medicamentos para a diarreia em regiões remotas da Zâmbia, aproveitando redes preexistentes de bens de consumo rápido (nesse caso, a Coca-Cola).

Esbarrei com essa história por acaso, quando os dois foram tema de uma matéria da BBC, após terem ganhado o prêmio de design de produto do ano do Museu de Design de Londres.[3] O prêmio foi oferecido em 2013, mas a ideia contemplada nele fora concebida muito antes. Na década de 1980, Simon trabalhava em um programa de ajuda britânica, parte de um projeto de desenvolvimento integrado para comunidades agrícolas rurais na Zâmbia. Na época, ele ficou surpreso ao ver que a Coca-Cola estava sempre prontamente disponível, ao contrário de medicamentos importantes para salvar vidas. Na verdade, a escassez acontecia até com medicamentos simples, vendidos sem receita, para tratamento de algumas das causas mais prevalentes de mortalidade no país, como a diarreia.

A ideia de Simon era inteligente e simples: colocar dentro dos engradados de Coca-Cola as embalagens de um medicamento simples e barato para combater diarreia infantil. Ou seja, contornar os obstáculos que impedem o acesso ao medicamento literalmente ao pegar carona na distribuição do refrigerante. Simon e Jane Berry estavam ansiosos para testar aquela carona, mas primeiro precisavam entender os obstáculos que queriam contornar.

Por que o problema ainda era um problema?

Embora soubessem que o quadro matava muitas crianças e que o tratamento não alcançava regiões remotas na Zâmbia, Simon e Jane ainda não entendiam muito bem por que a diarreia era um problema tão persistente. Enquanto pesquisavam sobre a viabilidade de pegar carona nos fluxos de entrega da Coca-Cola para disponibilizar o tratamento nesses locais, descobriram que a diarreia infantil é um dos problemas mais críticos de nosso tempo: é a segunda causa principal de morte entre crianças menores de 5 anos de idade na África Subsaariana. Na época em que os Berry cofundaram a ColaLife, em 2011, de acordo com dados do CDC norte-americano (Centro de Controle e Prevenção de Doenças, na sigla em inglês), a diarreia matou cerca de 800 mil crianças por ano em todo o mundo,[4] uma taxa de mortalidade entre crianças mais alta do que a Aids, a malária e o sarampo combinados.[5]

Para que o setor público responda às infecções por diarreia é preciso um alto nível de coordenação, com políticas e investimentos abrangentes em várias frentes.[6] No entanto, governos de países de baixa renda como a Zâmbia enfrentam diversas limitações, incluindo falta de financiamento, infraestrutura ruim e governança inadequada. Apenas 50% das famílias em zonas rurais tinham alguma unidade de saúde em um raio de 5 quilômetros de distância no início dos anos 2000, e o Ministério da Saúde da Zâmbia[7] reconhecia que essa infraestrutura insuficiente, a distribuição esparsa da população em ambientes rurais, os recursos inadequados (falta de veículos, por exemplo) para atingir todas as áreas e os problemas de cronograma eram alguns dos fatores que limitavam a capacidade do setor público de fornecer tratamento médico acessível para todos. Mesmo nos casos em que as instalações de saúde existiam, com frequência enfrentavam a escassez de suprimentos de remédios. Aumentar a infraestrutura, construindo melhores estradas ou mais pontos de acesso à saúde, poderia ajudar no longo prazo, mas montar essa estrutura seria bastante caro e difícil em virtude de possíveis entraves sociais, políticos e econômicos.[8] A situação era urgente demais para que ficassem à espera de soluções públicas de longa duração.

Mas e se fosse possível recorrer ao setor privado para distribuir o remédio recomendado pela Organização Mundial de Saúde, os sais de reidratação oral (SRO) e o zinco? O tratamento que utiliza SRO e zinco tem venda livre, pode ser administrado em casa e é muito barato. Até as regiões mais remotas contam com redes de distribuição comercial. Se as pessoas vendem produtos como açúcar, óleo de cozinha e a onipresente Coca-Cola, por que não havia esse tratamento disponível?

Infelizmente, o setor privado também traz alguns obstáculos. Apesar da demanda por medicamentos, o tratamento de doenças em regiões de baixa renda não é uma prioridade para os mercados globais. Isso acontece devido à baixa margem de lucro obtida com a venda direta às populações pobres e o baixo poder aquisitivo de governos com poucos recursos financeiros destinados à saúde pública. Além disso, varejistas, como farmácias, também são escassos e distantes entre si. Em 2008, havia apenas 59 farmácias na Zâmbia, 40 das quais estavam concentradas na capital, Lusaka. As regulamentações locais exigiam que as farmácias empregassem ao menos um farmacêutico, mas havia menos de cem profissionais do tipo no país, o que impedia a expansão desses negócios.[9] Enquanto isso, a má infraestrutura e os serviços de transporte limitados dificultavam o fluxo de produtos entre as empresas farmacêuticas, os atacadistas e os varejistas.

Eram muitos os obstáculos que impediam o acesso ao tratamento para a diarreia na Zâmbia. Isso significava que havia muitas oportunidades para contorná-los.

A carona posta à prova

As tangentes exigem mudanças na forma como normalmente abordamos nossos problemas. Uma tangente carona envolve mudar o foco de nossa atenção de "o que está faltando" para "o que já existe" em determinada situação. Essa foi precisamente a abordagem de Simon e Jane: valorizar o potencial do contexto em que estavam inseridos, reconhecendo a necessidade de manter a autonomia local. Na década de 1980, Simon morava na Zâmbia enquanto trabalhava para o Departamento Britânico para o Desenvolvimento Internacional (DFID, na sigla em inglês) em um programa então revolucionário que visava transferir a gestão para a comunidade local. Mesmo no início da década de 2000, ele notou que as organizações internacionais de desenvolvimento ainda implementavam programas que causavam dependência, tratando as regiões de baixa renda como locais de escassez em vez de focar no desenvolvimento das capacidades e atividades locais.

Quando os Berry decidiram testar sua tangente carona, fizeram isso baseados na ideia de que, nas palavras de Simon, "todos os problemas nos países em desenvolvimento podem ser resolvidos pelas pessoas e pelos sistemas que já existem. Não se trata de trazer novas pessoas ou criar sistemas paralelos... Trata-se de fazer com que o que já existe funcione melhor e de forma mais coerente". Como o fluxo de Coca-Cola e de outros bens de consumo de rápida circulação, que funcionavam tão bem na Zâmbia, poderiam ser usados para mitigar a urgente questão do acesso aos medicamentos? E por onde eles poderiam começar?

Simon postou no Facebook a ideia de colocar remédios nos engradados de Coca-Cola. Ela foi ganhando força por meio de curtidas e compartilhamentos na rede, o que acabou gerando uma matéria da BBC.[10] Depois disso, Jane e Simon tiveram acesso à sede europeia da Coca-Cola, o que os levou à SABMiller, a engarrafadora da bebida na Zâmbia. Juntos, eles desenvolveram uma embalagem triangular para o medicamento que se encaixaria entre as garrafas de Coca-Cola, e o seu design criativo permitiu angariar fundos e testar a ideia por meio de um programa-piloto em dois distritos da Zâmbia.

Logo ficou evidente para os dois que, naquele caso, o método de carona seria comensalista: não traria benefícios ou prejuízos à Coca-Cola e à SABMiller, mas ajudaria as crianças doentes. A distribuição da Coca-Cola é descentralizada, então até os gerentes da Coca-Cola não costumam saber para onde as garrafas viajam; seu fluxo é conduzido em grande parte pela demanda. A distribuição em países como a Zâmbia envolve vários agentes locais, desde grandes supermercados a proprietários de micro lojas em regiões escassamente povoadas. Muitos distribuidores ajudam a levar as garrafas entre regiões urbanas e rurais, incluindo aqueles que transportam as caixas de Coca-Cola amarradas às suas bicicletas com elásticos. Cada um desses agentes autônomos, grandes e pequenos, desempenha um papel importante na jornada das garrafas entre produtores e consumidores em todo o país.

A SABMiller fez a conexão entre o casal e os atacadistas que compravam Coca-Cola, e essas conexões tornaram possível para Jane e Simon identificar outros agentes-chave na cadeia de suprimentos que tornava o refrigerante acessível em todos os cantos do país. Eles se envolveram com muitos pequenos lojistas, que começaram a vender o tratamento, e com diversos outros personagens da cadeia de distribuição da Coca-Cola, como supermercados, varejistas e distribuidores, para entender como eles interagiam entre si e como cada um se beneficiava dessas interações. Como parte de um estudo exploratório, a ColaLife também trabalhou com cuidadores, responsáveis pela provisão do tratamento para crianças, para projetar o design do Kit Yamoyo, um kit de tratamento antidiarreico que trazia o SRO e o zinco na mesma embalagem.

Durante o programa-piloto, a ColaLife esbarrou em uma série de pequenos obstáculos, mas os Berry também os contornaram. Um deles era a dificuldade de administrar adequadamente o medicamento caso as pessoas não tivessem acesso a copos medidores. Como os cuidadores não conseguiam medir com precisão a água necessária para dissolver o SRO, a embalagem triangular do Kit Yamoyo também funcionava como um copo medidor.

As restrições regulatórias locais trouxeram mais desafios. A ColaLife havia acrescentado uma barra de sabão ao pacote, para que os cuidadores lavassem as mãos antes de administrar o medicamento. Mas o órgão regulador de medicamentos da Zâmbia orientou que o sabão não poderia ser colocado na mesma embalagem que o medicamento, porque os dois itens pertenciam a diferentes classes de produtos. Em vez de se rebelar contra a regra ou se conformar e retirar o sabão, Simon e Jane empregaram de forma inteligente a mentalidade da carona: projetaram um porta-sabonete que era encaixado no topo do pacote, separando o sabão do SRO e do zinco. Dessa forma, todo mundo saiu satisfeito:

o órgão regulador foi atendido e foi possível disponibilizar produtos de classes distintas simultaneamente. Depois de uma série de tangentes desse tipo, os resultados do teste exploratório na Zâmbia foram impressionantes. No intervalo de um ano, a adesão à terapia combinada aumentou de menos de 1% para 46,6% nos distritos do programa-piloto. Nenhuma mudança semelhante foi detectada em outras partes do país, monitoradas a título de comparação.[11]

Os resultados do programa-piloto também demonstraram que, a fim de expandir o seu alcance e garantir um fluxo contínuo e resiliente de medicamentos, Jane e Simon teriam de abandonar o modelo que se valia exclusivamente dos canais de distribuição da Coca-Cola. Apesar do sucesso do teste, a tática de colocar o medicamento nos engradados do refrigerante não foi o pivô do sucesso da ColaLife; na prática, os distribuidores muitas vezes não "perdiam tempo" colocando os kits entre as garrafas: eles simplesmente amarravam os volumes junto aos engradados que transportavam.

Além disso, esse modelo de distribuição inicial dependia da presença física de Jane e Simon na Zâmbia, mas o casal não tinha planos de continuar a fazer parte do sistema de abastecimento das medicações. Como Jane me disse: "Não estaremos lá para sempre. Há muitos programas que começam, transformam o cenário durante cinco anos e, depois que acabam, as coisas voltam a ser o que eram antes, se não piores... Tudo o que fazemos tem em vista o que vai acontecer quando formos embora: trata-se de planejar o nosso próprio desaparecimento."

Multiplicando as caronas

Jane e Simon sabiam que precisavam garantir que o fluxo de medicamentos fosse autossustentável, lucrativo e resiliente; para isso, tiveram que adotar uma abordagem mais integrada e mutualista que simulasse a cadeia de valor da Coca-Cola. Em primeiro lugar, os agentes envolvidos no fluxo do tratamento deveriam obter algum lucro — desde a indústria farmacêutica até os varejistas, no final. Caso contrário, era provável que optassem por deixar o processo, o que comprometeria a logística. Em outras palavras, era preciso transcender a simples carona física nos engradados de Coca-Cola e fazer uso de todo o sistema de relacionamentos que tornava a distribuição possível.

Nos quatro anos após o bem-sucedido teste, Jane e Simon ampliaram seu impacto por meio de uma abordagem que beneficiava toda a cadeia. A ColaLife ofereceu uma licença gratuita e não exclusiva da propriedade intelectual do Kit Yamoyo para a Pharmanova, uma farmacêutica local. Também ajudou a Pharmanova com o design e a embalagem do produto, chegando a importar máquinas para a empresa e financiando alguns de seus esforços de marketing. Com isso, a ColaLife estava aumentando as chances de que a empresa lucrasse com a produção do Kit Yamoyo e se tornasse robusta o suficiente para oferecer a qualidade e a quantidade de tratamento essenciais para atender às necessidades do país.

A ColaLife também trabalhou com agentes intermediários da cadeia de distribuição. Isso incluiu, por exemplo, o contato com supermercados, farmácias e distribuidoras a fim de garantir que esses negócios adquirissem o tratamento diretamente da Pharmanova e armazenassem o produto. Esses agentes eram fundamentais: vendiam o tratamento diretamente aos responsáveis pela administração do tratamento e também a outros pequenos varejistas e distribuidores, que levavam o medicamento aos lojistas de regiões remotas. Esses microcomércios eram o principal ponto de contato para a maioria dos cuidadores nas regiões rurais, porém, eram também o elo mais frágil. Com o apoio de uma organização sem fins lucrativos local, a ColaLife treinou milhares de lojistas para instruir os cuidadores sobre como administrar o tratamento contra a diarreia. A ONG também deu suporte comercial e logístico aos lojistas, aprimorando sua capacidade de estocar e oferecer o produto de forma contínua.

Além disso, a ColaLife tangenciou restrições orçamentárias valendo-se de recursos e esforços de agentes mais robustos. Por exemplo, ao promover o Kit Yamoyo por meio do setor privado, Jane e Simon depararam com um programa financiado pela Agência dos Estados Unidos para o Desenvolvimento Internacional (Usaid, na sigla em inglês) que tinha um orçamento alocado especificamente para a comercialização de medicamentos. Pegando carona no orçamento e no programa de treinamento da Usaid, puderam promover o Kit Yamoyo junto a outros medicamentos no portfólio da agência.

Muitas tangentes que pareciam pequenas contribuíram de forma semelhante para tornar o tratamento da diarreia disponível na Zâmbia, criando um fluxo de medicamentos que beneficiava a todos. Quando toda a rede envolvida passou a ter interesse na manutenção daquele fluxo, a ColaLife garantiu que havia expandido o acesso ao tratamento a quase vinte distritos de forma bem-sucedida, com resultados melhores do que os do teste inicial.

As tangentes que a ColaLife implementou no setor privado também deram ímpeto ao enfrentamento de alguns dos problemas sistêmicos que impediam o acesso ao medicamento através do setor público. Jane e Simon estavam particularmente interessados em expandir sua atuação nessa esfera. O governo teria a capacidade de tratar um número ainda maior de crianças em todo o país e o casal sabia que tinha capacidade de ajudar a tangenciar obstáculos de financiamento e infraestrutura. Em parceria com a Pharmanova, desenvolveram uma versão do Kit Yamoyo específica para aquisição do Ministério da Saúde da Zâmbia, a ser oferecida gratuitamente em instalações de saúde e por profissionais de saúde comunitária em catorze distritos. Novamente, a ColaLife apoiou e conectou recursos de todos os agentes envolvidos na cadeia de distribuição, da farmacêutica até aqueles que administravam o tratamento, como médicos, enfermeiros e agentes de saúde comunitária.

Cerca de quatro anos após o início da ColaLife, a organização havia pegado carona em diversos fluxos comerciais preexistentes para fornecer tratamento de diarreia produzido localmente, permitindo uma ampla disponibilidade e custo acessível nos setores público e privado. Quando visitei a Zâmbia em 2017, a Pharmanova estava vendendo uma média de 1.400 kits por dia, consagrando esse tratamento como um dos produtos mais vendidos e mais promissores em seu portfólio. A taxa média de uso entre os distritos atendidos aumentou de uma média de 1% para 53%.[12]

Pegando carona na Organização Mundial de Saúde

Jane e Simon retornaram ao Reino Unido, deixando um fluxo autossustentável para o tratamento de diarreia na Zâmbia. Uma vez familiarizados com "a maneira como as coisas funcionam" no âmbito de saúde pública, o casal identificou uma oportunidade para outra tangente importante, mas que dessa vez poderia ser implementada a partir do sofá de casa, em Londres. Eles sabiam que, caso tivessem sucesso, poderiam espalhar o impacto da ColaLife para as populações de muitos outros países de baixa renda que, assim como na Zâmbia, não tinham acesso ao tratamento adequado para a diarreia.

Na Zâmbia, Jane e Simon descobriram que os governos tendem a adquirir e distribuir o SRO e o zinco separadamente, mesmo que ambos sejam necessários para tratar a diarreia. Isso significava, por exemplo, que as instalações de saúde geralmente não tinham um dos dois, ou que os médicos prescreviam SRO sem zinco porque não estavam cientes da recomendação da OMS para a terapia combinada. Embalar o SRO junto ao zinco ajudou a evitar o problema, e Jane e Simon tinham as evidências necessárias para defender a nova prática: os dados coletados pelos dois em 2016 mostraram que, mesmo nos casos em que as instalações de saúde na Zâmbia tinham SRO e zinco em estoque, mas embalados separadamente, apenas 44% das crianças recebiam os dois, ao passo que 87% recebiam o tratamento combinado quando ambos eram empacotados juntos.[13]

Como, então, fazer com que o SRO e o zinco embalados juntos fossem a regra, e não a exceção?

No fim de sua estadia na Zâmbia, o casal começou a prestar atenção à lista de medicamentos essenciais da OMS, uma espécie de checklist de medicamentos básicos criado para ser adotado pelos governos nacionais de todo o mundo.[14] A lista contém formulações que a organização considera fundamentais para atender às necessidades básicas de qualquer sistema nacional de saúde, e com frequência é utilizada pelos formuladores de políticas para ajudar na definição das próprias listas locais de medicamentos essenciais (usadas para definir o que deve ser priorizado nos processos de aquisição pelos governos). Nem todos os países seguem a orientação da OMS e empregam essa lista, mas os de baixa renda costumam fazer isso, pois dependem de fundos de organizações internacionais, que, por sua vez, tendem a dar prioridade aos medicamentos na lista da OMS. Assim, Simon e Jane pensaram em pegar carona nessa lista. Sustentando suas reivindicações com base em muitos dados, a ColaLife se associou a uma equipe de especialistas em saúde global e conseguiu que a palavra "coembalados" fosse acrescida a um tratamento que já estava na lista da organização: SRO + zinco.

A ideia envolvia um esforço mínimo: Simon e Jane não precisariam convencer os governos a disponibilizar o tratamento combinado se pegassem carona nas recomendações da OMS, as mesmas que orientavam as decisões de compras governamentais.[15] Ainda é muito cedo para saber o impacto total dessa tangente, mas é bastante provável que o tratamento correto da diarreia tenha alcançado um número exponencialmente maior de crianças nos países mais pobres do mundo.

RELAÇÕES DE MUTUALISMO

Já vimos um exemplo de como as caronas podem ser simbióticas: a ColaLife começou com o objetivo de encaixar medicamentos nos engradados de Coca-Cola, permitindo que eles viajassem gratuitamente até as crianças necessitadas em regiões remotas. Quando o projeto começou a aumentar a escala da intervenção — garantindo que farmacêuticas, distribuidores locais, atacadistas e varejistas estivessem conectados e juntos pudessem tangenciar os obstáculos mais enraizados que impediam o acesso a medicamentos e lucrassem com isso —, passou a operar com uma abordagem mais mutualista. Esse tipo de relação mutuamente benéfica é possível mesmo quando a causa não é tão nobre quanto salvar a vida das crianças. Vamos recorrer a um exemplo um tanto inesperado: a publicidade.

Arroz com M&M's

As caronas na publicidade remontam à década de 1950, quando os comerciais de televisão nos Estados Unidos duravam um minuto inteiro. A publicidade televisiva era uma forma eficaz de alcançar um grupo valioso e crescente de consumidores — o número de pessoas que possuíam televisão em casa cresceu de 9% para 87% ao longo da década de 1950, e as famílias com aparelhos tendiam a ser maiores e mais jovens.[16] Elas possuíam mais telefones e geladeiras, e compravam mais carros novos do que famílias sem televisão.[17] A receita de publicidade nesse tipo de mídia saltou de 41 milhões de dólares em 1951 para 336 milhões em apenas dois anos.[18]

Apesar desse *boom*, reguladores como a Associação Nacional de Emissoras (NAB, na sigla em inglês) não acompanharam o ritmo das transformações. A associação elaborou e passou a aplicar o Código da Televisão, que visava reduzir os excessos da publicidade e evitar que as emissoras sobrecarregassem os espectadores com comerciais. Era permitido um intervalo padrão, que consistia em um anúncio de 60 segundos, e uma emissora de televisão poderia vender cada intervalo de um minuto a um patrocinador. Essa regra havia sido originalmente projetada para o rádio, e à medida que a indústria da televisão crescia, os intervalos de 60 segundos se tornaram caros e ineficientes para um patrocinador único.

A única maneira para compartilhar os espaços de tempo, regulamentada pela NAB, era produzir um comercial integrado, no qual duas marcas que vendiam produtos relacionados (por exemplo, manteiga e pão) anunciavam juntas. Esses anúncios compartilhavam a mesma história e atores, mas promoviam produtos diferentes de forma simultânea. Os comerciais integrados eram muito menos eficientes para a assimilação da marca, e não ofereciam flexibilidade para que as empresas se adaptassem de acordo com as especificidades geográficas.[19] Se uma empresa vendesse pão na Califórnia e em Nova York, mas a outra vendesse manteiga somente em Nova York, seria inviável para as duas anunciarem em conjunto.

Então, em 1956, o arroz Uncle Ben's e o chocolate M&M's inventaram aquilo que ficaria conhecido como comercial carona: quando dois ou mais comerciais individuais de produtos não relacionados apareciam consecutivamente em um único intervalo.[20] Isso significava que uma empresa comprava da emissora e a(s) outra(s) pegava(m) carona no intervalo, dividindo os custos com quem pagou a emissora. Essas tangentes geraram bastante controvérsia entre os reguladores, mas as anunciantes não estavam violando as regras. Estavam, sim, contornando os obstáculos impostos pela regulamentação da NAB, maximizando a exposição do produto por dólar gasto. Os comerciais que pegavam carona transformaram as táticas de marketing, possibilitando que empresas de diferentes portes e setores aumentassem a exposição de sua marca e sua base de clientes.

As anunciantes entenderam que precisavam encontrar o melhor equilíbrio entre o número de vezes que cada produto era anunciado e a duração de cada uma das mensagens. Elas observaram que, na TV, a frequência superava a duração. Um anúncio logo seria esquecido se o consumidor não estivesse exposto a ele de forma contínua. Além disso, a maioria das famílias tinha apenas uma televisão na época, então as propagandas deviam atrair toda a família. Esses vídeos abordavam temáticas simples, com uma única proposta de venda e uma demonstração visual direta, e com a repetição de slogans fáceis, como "M&M's, derretem na sua boca, não em suas mãos".[21] Não eram necessários 60 segundos para transmitir mensagens curtas assim. O benefício dessa tangente mutualista ficou tão evidente que, dez anos após o primeiro comercial combinado da Uncle Ben's e da M&M's uma média de 350 comerciais carona apareciam por semana na rede de televisão (uma média estimada de 20% a 25% de todos os intervalos comerciais).[22]

As caronas mais frequentes incluíam indústrias que vendiam produtos de alto volume e baixo valor unitário, como a Procter & Gamble, a Bristol-Myers, a General Foods e a Colgate-Palmolive. Mas a tangente também foi benéfica para as pequenas empresas. A Alberto-Culver (uma empresa de cosméticos fundada em 1955 e que cresceu para uma receita de 1,6 bilhão de dólares em 2010, quando foi vendida à Unilever) era uma grande defensora das caronas em anúncios publicitários no começo de sua história. Sua gerência argumentava que os comerciais carona ajudavam empresas menores, que nunca seriam capazes de arcar sozinhas com o custo de um espaço inteiro de 60 segundos, a receber exposição televisiva e competir com concorrentes maiores.[23]

Pegando carona na nuvem

Vamos avançar para nossa época hiperconectada, quando temos conteúdo aparentemente infinito em muitas telas de luz azul. Embora os gastos com publicidade televisiva tradicional nos Estados Unidos ainda estejam em crescimento — graças à programação baseada em eventos, como os Jogos Olímpicos, as eleições presidenciais e o Super Bowl[24] —, a audiência desse formato de mídia, como a televisão a cabo, está em queda demográfica na faixa etária de 2 a 49 anos.[25] A mídia digital tornou-se o player dominante em termos de investimento em verba publicitária. Naturalmente, quando a audiência muda, o mesmo acontece com as estratégias de marketing.

Usando táticas de carona, as empresas responderam de forma criativa tanto à velocidade quanto ao crescente número de canais para a criação e difusão do conteúdo em plataformas digitais. Nos primórdios da internet, empresas com produtos complementares usavam seus canais de mídia on-line para se promover em vez de pagar por anúncios caros. Essas empresas pequenas ou médias tinham um mercado semelhante em perfil demográfico, mas seus produtos, como café e leite ou ternos e sapatos sociais, não competiam entre si.

Com o passar do tempo, a carona se tornou muito mais sofisticada e direcionada, à medida que as empresas virtuais começaram a obter mais dados: em vez de buscarem "empresários norte-americanos que compram ternos", pouco a pouco elas começaram a mirar em cada um de nós enquanto indivíduos, com base em nossas pesquisas na web. Você provavelmente já percebeu que, ao visitar qualquer site de vendas e pesquisar um produto sem comprá-lo, pouco tempo depois verá um anúncio de itens relacionados em diferentes sites ou mídias sociais. Eis um exemplo de solução mutualista usada pelas plataformas on-line. *Cookies* específicos de domínio (os fragmentos de dados usados para identificar seu computador enquanto você usa uma rede) restringem a capacidade das empresas de coletar informações e exibir anúncios relevantes aos clientes, reduzindo seu alcance. No entanto, múltiplas plataformas pegam carona umas com as outras e sincronizam seus *cookies* para desviar de limitações como essa e inundar sua tela com ofertas de um produto que você já estava inclinado a comprar.

RELAÇÕES COMENSALISTAS

Com o aumento da publicidade nos meios digitais, muitas novas oportunidades de carona se tornaram possíveis, e nem todas têm sido mutualistas ou acordadas. Algumas são comensalistas, o que significa que uma parte se beneficia enquanto a outra não experimenta efeito algum. Os anunciantes em geral ficam bastante contentes em pegar carona desse modo, valendo-se de acontecimentos atuais sem causar danos. Contudo, se não tomarem cuidado, as empresas podem correr o risco de entrar em crise de relações públicas. Vamos examinar mais alguns exemplos de publicidade, alguns com efeito positivo às empresas, e outros que as abalaram.

Oreo vence o Super Bowl

O tuíte mais compartilhado da marca de biscoitos Oreo em 2013 foi uma resposta bem-sucedida a um evento inesperado. Dez minutos após o começo de uma queda de energia no estádio

Mercedes-Benz Superdome, que duraria 34 minutos no terceiro quarto do Super Bowl, a equipe de mídia social da Oreo tuitou a imagem de um biscoito solitário com os dizeres: "Acabou a energia? Não tem problema" e na legenda: "Ainda dá para curtir no escuro". A Mondelēz, multinacional proprietária da marca, tinha uma equipe de mídia social de quinze pessoas pronta para responder a tudo o que acontecesse durante o Super Bowl. O presidente da agência de marketing digital que cuidava dos tuítes da Oreo nos dias de jogo disse em entrevista à *Wired*: "Quando a transmissão foi interrompida por falta de energia, não havia distrações. Não tinha nada acontecendo".[26] Sem ter o que assistir, muitas pessoas recorreram aos celulares para se distrair até que a energia fosse restabelecida. Era a oportunidade perfeita para os anúncios no Twitter (rebatizado como X em julho de 2023). O que aconteceu? Bem, quem pesquisou #SuperBowl ou hashtags semelhantes no Twitter durante aqueles 34 minutos encontrou o termo Oreo nos *trending topics*, levando a um aumento substancial na exposição da marca. Embora a Oreo tenha se beneficiado diretamente ao pegar aquela carona, o Super Bowl não ganhou nem perdeu nada com aquele anúncio publicitário.

Bob Esponja ganha uma carona grátis

A produtora do filme *Bob Esponja: Um herói fora d'água* usou uma estratégia genial de carona. A Paramount lançou o filme apenas uma semana antes que o estúdio rival, a Universal, revelasse um filme que vinha ganhando muito engajamento entre um público mais velho. Você deve se lembrar dos pôsteres de teaser para *Cinquenta tons de cinza*: uma figura enigmática em um escritório num arranha-céu está de costas para a câmera, com uma legenda dizendo: "O sr. Grey vai receber você agora." A equipe de marketing de *Bob Esponja* imitou o pôster, com a inconfundível silhueta do personagem e a legenda: "O sr. Calça Quadrada vai receber você agora."[27] Dá até para imaginar os sorrisinhos maliciosos dos pais que assistiam *Cinquenta tons de cinza* e eram lembrados de levar os filhos para ver *Bob Esponja*. Como os dois filmes não competiam pelo mesmo público, o filme do sr. Calça Quadrada se beneficiou, enquanto *Cinquenta tons de cinza* não sofreu qualquer prejuízo.

A furada da Pepsi

Quando a propaganda é bem-feita, a estratégia comensalista permite que empresas obtenham uma quantidade expressiva de publicidade com investimento mínimo. Se mal executados, no entanto, anúncios como esse podem ser como um tiro saindo pela culatra, e a empresa pode passar a imagem de mercenária ou desesperada. Foi o que aconteceu quando a Pepsi entrou na onda dos protestos Black Lives Matter em 2017. O anúncio em vídeo da Pepsi no YouTube emulou imagens do movimento, mostrando jovens manifestantes sorrindo, batendo palmas, se abraçando, cumprimentando e segurando cartazes que diziam: "Participe da conversa." O clímax da cena mostra Kendall Jenner, uma mulher branca, oferecendo a um policial uma lata de Pepsi, o que provoca um sorriso sutil de agradecimento do policial e a aprovação dos manifestantes.[28]

A Pepsi tentou pegar carona nas ações do Black Lives Matter por meio de uma abordagem comensalista, na esperança de obter ganhos de imagem sem afetar negativamente o movimento por trás dos protestos. Passaram muito longe do alvo. O vídeo foi imediatamente condenado por banalizar os perigos da brutalidade policial, por minimizar a revolta sentida pelos manifestantes e pela tentativa de cooptar de forma cínica um movimento contra o assassinato de pessoas negras pela polícia. Os ativistas alegaram que Pepsi retratou de maneira precisa o oposto das experiências de brutalidade policial vividas pela população negra, e algumas das críticas viralizaram. Bernice King, filha do reverendo Martin Luther King Jr., postou no Twitter uma foto de seu pai sendo empurrado pela polícia com o comentário: "Se ao menos meu pai soubesse do poder da #Pepsi". DeRay McKesson, ativista dos direitos civis e uma das principais vozes do movimento Black Lives Matter, compartilhou na mesma rede: "Se eu tivesse levado uma Pepsi, acho que nunca teria sido preso. Quem diria?"

Em vez de ajudar a fortalecer a marca, como a Pepsi pretendia, a ação provocou uma enxurrada de comentários negativos nas mídias sociais e campanhas de boicote que mancharam a reputação da companhia. Mas a Pepsi não foi a primeira empresa a julgar de forma errônea as possíveis implicações de uma carona comensalista moralmente questionável. A empresa poderia ter aprendido com as repercussões negativas causadas pela falta de sensibilidade em um anúncio de "Liquidação do Furacão Sandy" feito pela rede American Apparel em 2012. A rede varejista enviou uma campanha por e-mail para a região mais atingida pelo Sandy, um dos furacões mais mortais e destrutivos da temporada de furacões do Atlântico daquele ano, oferecendo 20% de desconto "caso você esteja entediado durante a tempestade". O Sandy matou 233 pessoas em oito países e infligiu um prejuízo de quase 70 bilhões de dólares.[29]

Pensando apenas em pegar uma carona no que estava em alta na mídia, a American Apparel acabou disparando uma mensagem constrangedora e oportunista, que tentava capitalizar em cima de uma crise nacional.

A carona comensalista da publicidade em acontecimentos de grande repercussão pode ser uma boa estratégia para passar a imagem de uma empresa vibrante e conectada, mas também oferece riscos. Embora esse tipo de anúncio seja pensado para ser comensalista, o público costuma percebê-lo como parasitário, ou seja, prejudicial às pessoas de fato atingidas pelos eventos. Portanto, antes de implementar uma carona comensalista, pergunte-se: como ela será vista pelos outros?

RELAÇÕES PARASITÁRIAS

Intervenções de carona também podem ser *concebidas* para serem parasitárias. Algumas dessas caronas são empregadas para crimes cibernéticos. Os chamados *malwares*, por exemplo, acessam sistemas dos usuários pegando carona em um software legítimo. Da mesma forma, os e-mails de *phishing* pegam carona na credibilidade de uma organização confiável, como um órgão do governo ou uma empresa, para tentar obter dados pessoais, como nomes de usuário, senhas ou informações do cartão de crédito. No entanto, de forma contraintuitiva, nem todos os casos de caronas parasitárias são desaprovados. Vamos nos aprofundar nesses exemplos.

O parasita produtivo

O site de reservas de estadia Airbnb implementou uma técnica de marketing parasitária que, embora eticamente discutível, foi um golpe de gênio que ajudou a startup a aumentar sua base de usuários de forma exponencial.

Em 2017, o Airbnb tinha mais anúncios do que as cinco principais redes hoteleiras combinadas no mundo, uma conquista surpreendente para uma empresa que começou em 2010, quando dois designers ofereceram uma hospedagem com três colchões de ar em seu loft em São Francisco. Os criadores desenvolveram uma plataforma para conectar pessoas que tinham quartos e casas para alugar com potenciais clientes que desejavam um lugar para ficar. Os fundadores da startup sabiam que ofereciam um serviço promissor, mas, com recursos mínimos, precisavam se posicionar no mercado sem grandes custos.

Como o caminho tradicional de pagar por publicidade era inviável, já que não tinham orçamento para tal, os fundadores do Airbnb foram atrás de uma saída pela tangente. Eles sabiam que seu público-alvo — pessoas que precisavam de hospedagem, mas não queriam ficar em hotéis — estava no site Craigslist, que já tinha uma enorme base de usuários, mas deixava a desejar no quesito experiência do usuário.

O ponto de virada no crescimento do Airbnb aconteceu entre 2010 e 2011, exatamente quando a empresa começou a cooptar usuários do Craigslist, pegando carona de forma parasitária na plataforma rival. Toda vez que um anfitrião do Airbnb criava um anúncio, a plataforma enviava um e-mail com um link que permitia ao usuário publicar automaticamente o mesmo anúncio no Craigslist. O Airbnb argumentava a seus usuários (pessoas que anunciavam suas casas) que o aumento da exposição traria ganhos maiores. Ao encontrar um anúncio originado no Airbnb enquanto navegava pelo Craigslist, o usuário era redirecionado para a plataforma do Airbnb através de um link. Ou seja, tráfego gratuito para o site e novas inscrições para o Airbnb, tanto para novos anúncios quanto para possíveis inquilinos. Só que os anúncios do Airbnb eram muito melhores: o site oferecia serviço de fotografia profissional, uma plataforma com experiência de usuário mais amigável e anúncios personalizados. Com o tempo, as pessoas em busca de hospedagem começaram a ir direto para o Airbnb, ignorando o Craigslist. O novato logo ganhou uma fatia da participação de mercado do precursor.

Embora essa integração tenha proporcionado o tão necessário tráfego e aumentado a base de usuários da empresa, o Airbnb também teria enviado e-mails prospectando proprietários que já usavam o Craigslist, incentivando-os a experimentar sua plataforma. Os e-mails diziam a indivíduos que postaram anúncios de aluguéis de férias no Craigslist como era fácil postar no Airbnb e que seus anúncios seriam automaticamente replicados no Craigslist. Quando o Craigslist enfim percebeu o que estava acontecendo e desativou a postagem cruzada do Airbnb, o novo player já havia superado o rival.[30] O Airbnb decolou sem gastar um centavo em anúncios. Centenas de milhares de pessoas descobriram a nova plataforma, que antes não passava de uma empresa ousada, por meio dessas engenhosas táticas parasitárias que se tornaram lendárias no Vale do Silício.

O OBJETIVO DAS CARONAS

Assim como as caronas podem fazer uso de diferentes tipos de relações, também podem trabalhar em busca de objetivos diferentes: podem ser utilizadas para aprimorar práticas em curso, diversificar e expandir serviços existentes, ou criar caminhos inteiramente novos para o crescimento. A seguir, vamos analisar um exemplo de cada uma dessas abordagens para ilustrar os benefícios de buscar conexões inexploradas e subutilizadas.

Aprimorando as práticas em curso

Comecemos com uma pergunta básica: como a carona pode melhorar práticas em curso? Você já deve ter ouvido falar sobre as chamadas deficiências de micronutrientes. Também conhecidos como "fome oculta", esses déficits nutricionais podem prejudicar o desenvolvimento intelectual e físico, na maioria dos casos sem apresentar sinais ou sintomas, podendo afetar todos os grupos populacionais. O que é pouco conhecido, no entanto, é que uma solução comum para esse problema é pegar carona nos alimentos que consumimos regularmente.

Com efeitos a longo prazo na saúde, na educação, na produtividade, na expectativa de vida e no bem-estar geral, essas deficiências nutricionais são mais prevalentes e têm maiores consequências nos núcleos familiares economicamente vulneráveis. Fatores adicionais além da riqueza, incluindo localização, escassez de alimentos *versus* disponibilidade, educação alimentar e normas culturais também podem ter um papel importante nos níveis de deficiência nutricional.

O desafio de alterar todos esses fatores que, combinados, influenciam a alimentação e a saúde pode parecer assustador. Hábitos alimentares são incrivelmente difíceis de mudar, em especial na escala e na velocidade necessárias para salvar vidas. Cerca de 9% da população global está cronicamente desnutrida, 22% das crianças sofrem com problemas de crescimento devido à má nutrição, e cerca de 2 bilhões de pessoas estão acima do peso.[31] A deficiência de nutrientes é uma questão urgente e demanda uma ação rápida.

Por que, então, não pegar carona para contornar esses obstáculos, adicionando nutrientes aos alimentos mais consumidos?

O processo de fortificação de alimentos consiste na adição de micronutrientes aos alimentos que a população já consome. Essa tática de carona é bem-sucedida porque é rápida, econômica e não requer grandes mudanças sistêmicas nos hábitos pessoais nem na indústria alimentar. A prática não é nova. A deficiência de iodo é um grave problema de saúde. Entre 1994 e 2006, segundo a OMS, afetava aproximadamente 30% da população mundial.[32] Cerca de 740 milhões de pessoas tinham bócio, um inchaço da glândula tireoide frequentemente causado pela deficiência crônica desse nutriente.[33]

Um grande número de pessoas sofria de bócio nos Estados Unidos antes do advento de uma tangente carona. Em 1924, o sal iodado foi introduzido pela primeira vez em Michigan, e foi adotado no resto do país logo depois.[34] Como o iodo vinha de carona com o sal, a prevalência de bócio por deficiência de iodo caiu rapidamente e, na década de 1930, foi praticamente eliminado das preocupações sanitárias do país.[35]

Após o sucesso dessa iniciativa, as práticas de fortificação se tornaram cada vez mais populares e foram adotadas pela maioria dos países. Em 2021, a Unicef estimou que mais de 6 bilhões de pessoas consumiam sal iodado (cerca de 89% da população mundial).[36] Muitos países da América do Sul oferecem bons exemplos de programas governamentais de grande escala que estimularam a fortificação de cereais. Na década de 1990, o Chile determinou que a farinha de trigo fosse fortificada com ácido fólico. Após a implementação dessa exigência, o país registrou uma diminuição de 40% nas taxas de defeitos do tubo neural, que ocorrem nos primeiros meses de gravidez.[37] Quando as práticas alimentares foram melhoradas por meio das tangentes carona, houve uma prevalência menor de complicações de saúde.

Às vezes, quando a população-alvo da intervenção tem hábitos alimentares diferentes, ou apenas um segmento específico da população é afetado por uma deficiência de nutrientes (por exemplo, crianças, idosos ou mulheres grávidas), pode ser melhor selecionar mais de um veículo alimentício, ou projetar programas adaptados a determinados grupos. Muitos programas tentaram pegar carona em alimentos distribuídos em circunstâncias específicas, como refeições escolares para abordar doenças mais prevalentes em crianças. Esses programas mais focados, em geral, são muito benéficos, pois a fortificação pode ser feita de acordo com as necessidades únicas de um grupo populacional, adicionando a quantidade de nutrientes para pessoas com massa corporal parecida. Um estudo randomizado envolvendo a adição de ferro às refeições escolares na Índia, por exemplo, mostrou uma redução de mais de 50% na taxa de anemia em crianças de 5 a 9 anos.[38]

Os formuladores das políticas são os principais agentes na implementação de programas como esse. Por meio de regulamentações, os órgãos públicos podem impor a obrigatoriedade da fortificação aos fabricantes de alimentos. A OMS, por exemplo, tem um conjunto de diretrizes nesse sentido, amplamente apoiado por pediatras e especialistas em saúde global.[39] De acordo com a Aliança Global para Melhor Nutrição, atualmente mais de cem países têm programas nacionais de iodação do sal, e 86 países exigem pelo menos um tipo de fortificação de grãos de cereais com ferro e/ou ácido fólico. A Aliança sugere que muitos outros poderiam se beneficiar dessa estratégia.[40]

Mas os governos não são os únicos interessados em aproveitar esse tipo de tangente. Basta pensar nos cereais matinais industrializados, vendidos como fonte rica de uma ampla gama de vitaminas e minerais necessários às crianças. Tais práticas também suscitaram controvérsias, e seus críticos alegam que as empresas adicionam micronutrientes a alimentos altamente processados, açucarados e viciantes, e depois os anunciam como se fossem saudáveis. Quer essas práticas sejam éticas ou não, o impacto é evidente. Um estudo de 2010 estimou que, se não fosse pelos cereais fortificados industrializados, 163% mais crianças nos Estados Unidos com idades entre 2 e 18 anos consumiriam menos do que a ingestão recomendada de ferro.[41]

Muitos fabricantes de alimentos começaram a fortificar voluntariamente seus produtos, tanto para aumentar seu valor nutricional quanto para promover o apelo das suas mercadorias. A Nestlé começou a implementar estratégias de fortificação em 2009 e, em 2017, cerca de 83% das marcas mais compradas da Nestlé haviam sido fortificadas para resolver pelo menos uma das "Quatro Grandes" deficiências de micronutrientes definidas pela OMS: ferro, iodo, zinco e vitamina A.[42] Apesar da controvérsia, essa tática de carona fornece os tão necessários nutrientes para algumas das populações mais vulneráveis do mundo, que não podem esperar até um problema tão complexo ser resolvido. Para empresas de alimentos como a Nestlé, a tática oferece a oportunidade de aproveitar os atuais portfólios de produtos para aumentar as vendas e, ao mesmo tempo, abordar problemas sociais urgentes.

Diversificando e expandindo serviços existentes

Tangentes carona como programas de fortificação aprimoram práticas que já existem, mas outros tipos de intervenção por carona alavancam recursos em indústrias aparentemente não relacionadas, dando às empresas a oportunidade de diversificar seus modelos de negócios e criar novas fontes de receita.

É o caso do M-Pesa no Quênia, um serviço de transferência de dinheiro lançado em 2007 pelas gigantes das telecomunicações Vodafone e Safaricom. Ele possibilita que as pessoas armazenem dinheiro em um celular e o transfiram para outros usuários por meio de mensagens de texto. Logo após seu lançamento, o M-Pesa se tornou um dos serviços financeiros mais eficientes do mundo para pessoas sem conta bancária, contornando com sucesso as caras infraestruturas dos bancos tradicionais.

A história do M-Pesa é bem conhecida em escolas de administração em todo o mundo como um exemplo bem-sucedido de sustentabilidade e inovação corporativas, e de como uma empresa foi capaz de criar um impacto social positivo, atendendo às necessidades de populações vulneráveis e ao mesmo tempo lucrando com a diversificação e expansão de seus serviços.[43] Essa descrição, no entanto, ignora a parte mais fascinante da história: como a jornada do M-Pesa estava repleta de tangentes.

Tudo começa com a figura de Nick Hughes, um executivo da área de responsabilidade social corporativa da Vodafone, a empresa multinacional de telecomunicações britânica que possui 40% da Safaricom, uma operadora de rede móvel no Quênia. Hughes estava particularmente interessado na questão do microcrédito, que considerava uma abordagem promissora para combater a pobreza e as barreiras à ascensão social.

Os empreendedores sociais e as organizações que trabalham com o desenvolvimento internacional estavam cada vez mais convencidos de que o acesso a serviços financeiros facilita a atividade empresarial, gera riqueza e empregos, e estimula o comércio. Hughes achava que a telecomunicação também poderia desempenhar um papel importante no microcrédito, em especial em lugares como o Quênia, onde menos de 20% da população tinha conta bancária, porém uma parcela muito maior tinha celulares.

Em vez de olhar para os sistemas bancários tradicionais, Hughes decidiu tangenciá-los com uma abordagem em que todos saíam ganhando. A ideia era criar um serviço que permitisse aos mutuários de microfinanças receber e pagar empréstimos usando, convenientemente, a rede de revendedores de créditos de telefonia que já existia no Quênia com a Safaricom. O novo programa seria capaz de oferecer mais empréstimos e melhores taxas.

Mas, para colocar a ideia em prática, Hughes teria que contornar um primeiro obstáculo. Por que a Vodafone apoiaria um projeto como aquele? O portfólio principal da empresa (serviços de voz e de dados), ou seja, sua fonte primária de lucro, tinha pouco a ver com serviços financeiros, e o Quênia era um mercado relativamente pequeno para a companhia.

Hughes precisaria convencer os acionistas da Vodafone de que esse percurso arriscado valeria o investimento. E seria uma conversa difícil. Mas e se a empresa usasse outro capital que não o próprio?

Foi assim que ocorreu a Hughes utilizar um fundo do governo. O momento era excelente. No início da década de 2000, órgãos estatais, organizações sem fins lucrativos e agências intergovernamentais começavam a perceber que os objetivos socioambientais do planeta seriam inatingíveis sem o envolvimento do setor privado. Desse modo, muitas entidades começaram a cooperar de forma ativa, buscando alcançar metas ambiciosas de sustentabilidade. Os chamados "fundos para desafios" do Departamento Britânico para o Desenvolvimento Internacional (DFID, na sigla em inglês) foram um exemplo desse esforço. O DFID concedeu cerca de 20 milhões de dólares para projetos do setor privado que melhorariam o acesso aos serviços financeiros em economias emergentes.[44] A iniciativa seria cofinanciada pela Vodafone e DFID, e a Vodafone poderia contribuir com a sua metade dos custos sob a forma de ativos não financeiros, como recursos humanos. Com o dinheiro do DFID, Hughes encontrou uma forma de contornar a resistência interna ao investimento. Ao atribuir a terceiros os riscos financeiros, Hughes evitou a concorrência interna por capital, o que permitiu levar adiante a sua ideia de alto risco. Ou seja, ele aproveitou recursos de setores aparentemente não relacionados para diversificar e expandir os serviços existentes da Vodafone.

Depois de garantir o financiamento e obter o apoio de sua empresa e dos colegas da Safaricom no Quênia, Hughes iniciou um projeto-piloto. Em 2005, ele e seus colaboradores se uniram a um instituto de microfinanças do país e a um banco comercial. Ao longo dos quase dois anos de duração do teste, Hughes e seus colegas perceberam que a Vodafone se enxergava como uma empresa jovem e ágil, e que via os bancos como instituições velhas, tradicionais e lentas. Por que, então, os superiores de Hughes deveriam concordar em se unir a parceiros menos dinâmicos, para fornecer serviços financeiros em um mercado relativamente pequeno, a fim de resolver um problema que não estava no cerne dos negócios da empresa?

Em vez de investir na união desses diferentes modelos de negócios, Hughes e sua equipe perceberam que as instituições financeiras não eram necessárias para o projeto: elas estavam, na verdade, trazendo uma complexidade desnecessária aos serviços mais simples que os clientes realmente desejavam.

Havia um caminho muito mais simples e eficiente, que não dependia desses parceiros do setor bancário. No projeto-piloto, a equipe de Hughes percebeu que os clientes colocavam mais dinheiro em suas carteiras digitais do que o necessário para obter empréstimos. Depois de avaliar os dados coletados e observar o comportamento dos usuários, descobriram que os clientes usavam o serviço com finalidades alternativas diversas, que, por sua vez, pareciam mais importantes do que o acesso ao crédito — por exemplo, para poupança e para transferir dinheiro para terceiros. Essas descobertas não eram novidade: alguns anos antes, pesquisadores haviam observado que pessoas sem conta bancária aproveitavam os créditos de telefonia celular como alternativa para transferências de dinheiro em Botsuana, Gana e Uganda.

O experimento de Hughes demonstrou que o desafio central no Quênia não era a escassez de recursos, como ele havia pensado a princípio, mas, sim, a movimentação de dinheiro. Desse modo, a equipe optou por retirar o microcrédito da plataforma e lançar o M-Pesa como um serviço voltado apenas para a transferência de dinheiro.

Alguns parceiros do experimento se tornaram desnecessários, mas desde o início o objetivo de Hughes era criar benefícios simultaneamente para a Vodafone, a Safaricom e a população desbancarizada. A Vodafone e a Safaricom simplificaram o modelo para fornecer serviços financeiros básicos que se encaixavam nas próprias plataformas e na rede de revendedores da Safaricom, a fim de que os usuários pudessem transformar dinheiro vivo em dinheiro eletrônico (e vice-versa) e usar seus celulares para transferir essas quantias para outras pessoas.

Essa tática de carona contornou os principais obstáculos à movimentação de dinheiro:

- *Instabilidade*: Em 2005, o setor informal abarcava cerca de 80% da população do país[45] e 70% dos quenianos viviam em regiões remotas,[46] de modo que a maioria das pessoas não conseguia abrir ou manter contas bancárias. As transferências de dinheiro costumavam ser feitas através de pacotes físicos de dinheiro entregues por amigos ou familiares próximos, ou mesmo através das linhas de ônibus locais ou do correio. Naturalmente, nenhuma dessas formas era confiável, segura ou prática.

- *Inacessibilidade*: Mesmo nos centros urbanos onde funcionavam instituições financeiras, poucas pessoas conseguiam acesso aos canais bancários oficiais e, portanto, mais de 80% da população do Quênia permanecia sem conta bancária.[47] Como os bancos lucravam a partir de um número reduzido de transações com margens mais elevadas, as taxas cobradas eram exorbitantes, o que afetava as populações vulneráveis de forma desproporcional.

Em contrapartida, os celulares, caso do popular modelo da Nokia, começavam a se tornar onipresentes e, como o M-Pesa pegava carona na estrutura de rede dos aparelhos pré-pagos, os usuários só precisavam apresentar uma carteira de identidade para obter um número de telefone, evitando os entraves da informalidade. Com o M-Pesa e seus celulares, os usuários podiam transferir facilmente o dinheiro eletrônico para outras pessoas que não tinham contas bancárias, não importava a distância, e os destinatários podiam mantê-lo em sua carteira eletrônica, usando-o para seus próprios pagamentos ou sacando-o em um revendedor local de créditos telefônicos da Safaricom.

O M-Pesa não apenas era mais prático, como também mais barato. Na prática, antes de seu lançamento, abrir e manter uma conta bancária no Quênia custava pelo menos 123 dólares por ano.[48]

Os usuários do M-Pesa não precisavam manter dinheiro em uma conta ou pagar taxas por depósitos ou saques. Havia uma única taxa cobrada: para o envio de dinheiro. Mesmo assim, era bem menor do que a adotada pelos bancos tradicionais.

Como era capaz de contornar todos esses obstáculos, o M-Pesa logo se tornou um sucesso, ainda mais rápido do que Hughes esperava. Apenas dois anos após o lançamento, a Safaricom registrou 8,6 milhões de clientes no Quênia, com um volume de transações de mais de 328 milhões de dólares por mês.[49]

Além das receitas criadas para Vodafone, Safaricom e outros envolvidos, o M-Pesa preencheu uma lacuna no mercado que prejudicava o bem-estar social e econômico daquele país. Estima-se que, quase dez anos após o seu lançamento, o produto tenha aumentado os níveis de consumo *per capita* e tirado 194 mil famílias quenianas da pobreza. O sucesso do empreendimento no Quênia também levou à expansão do modelo para outros países de baixa e média renda, como Afeganistão, Tanzânia, Moçambique, República Democrática do Congo, Lesoto, Gana, Egito e África do Sul. O M-Pesa é um exemplo de como o uso de uma tangente carona pode levar a um novo modelo de negócio, permitindo que uma organização se beneficie de conexões aparentemente não relacionadas que, por sua vez, podem ser replicadas e adaptadas a diferentes contextos.[50]

Criando negócios inteiramente novos

Como aprendemos com o caso da ColaLife, ao utilizar táticas de carona as pessoas podem responder à demanda de formas novas e criativas, mas essa abordagem não se limita a setores sem fins lucrativos. Muitas startups exploraram oportunidades disruptivas e utilizaram a carona para competir com empresas que dominavam seus setores — e ganhar muito dinheiro.

Como fiel usuário da TransferWise, hoje uma empresa multibilionária especializada em envio internacional de dinheiro, fiquei entusiasmado ao saber mais sobre um de seus fundadores, Kristo Käärmann, quando me deparei com um perfil do empresário feito pela BBC. Em 2008, o estoniano, então com 28 anos, trabalhava em Londres como consultor e recebeu um bônus de Natal de 10 mil libras (aproximadamente 65 mil reais). Käärmann decidiu transferir o valor para a Estônia, e assim tirar proveito das taxas de juro mais elevadas do país. Após verificar a taxa de câmbio on-line, aquela que aparece em uma pesquisa simples no Google, ele presumiu que pagaria ao banco do qual era correntista no Reino Unido uma taxa de transferência internacional de 15 libras (aproximadamente 100 reais) e enviou o dinheiro. Mas, para sua surpresa, o montante que de fato chegou à sua conta na Estônia foi 500 libras (aproximadamente 3,2 mil reais) inferior ao que ele esperava. Quando investigou o que aconteceu, Käärmann percebeu que havia sido tolo ao acreditar que seu banco no Reino Unido lhe daria a taxa de câmbio real. Sem que ele percebesse, o banco acrescentara uma elevada margem de lucro à transação.[51]

Quem já viveu no exterior deve se identificar com essa situação. Sempre que possível, encontramos maneiras de contornar essas taxas ocultas, buscando alguém de confiança que possa transferir a mesma quantia na direção oposta. Foi exatamente o que Käärmann fez: começou a trocar libras esterlinas e coroas estonianas com seu amigo Taavet Hinrikus. Käärmann transferia libras para a conta de Hinrikus no Reino Unido, e Hinrikus transferia o valor equivalente em coroas estonianas para a conta de Käärmann na Estônia. Os dois usavam a taxa formal de câmbio oficial e economizavam nas taxas e nas margens de lucro escondidas que os seus bancos teriam cobrado. Sem tardar, construíram uma rede de amigos estonianos que tinham vínculos no Reino Unido[52] e que, tal como Käärmann e Hinrikus, precisavam transferir dinheiro e podiam se beneficiar daquela carona mútua. O problema é que essa tangente tinha uma escala muito limitada: é difícil encontrar alguém de confiança que deseje transferir a mesma quantia na direção oposta, ao mesmo tempo que você. Foi então que Käärmann e Hinrikus perceberam que poderiam fazer disso um negócio. Afinal, a transferência internacional de dinheiro é um mercado enorme e que cresce cada vez mais em nosso mundo globalizado. Em 2011, os dois fundaram a TransferWise, plataforma que oferece serviços de remessas internacionais. Seu diferencial é trabalhar a partir da taxa de câmbio real, sem margens de lucro ocultas, e cobrar apenas uma taxa de 0,5% por transação.[53]

Funciona assim: a plataforma opera baseada no modelo *peer-to-peer*, de modo que a maior parte do dinheiro não chega a cruzar fronteiras. Tal como Käärmann e Hinrikus faziam com as suas trocas em coroas estonianas e libras esterlinas, a plataforma combina milhões de pessoas em diferentes países que querem trocar dinheiro com aqueles que querem que o seu dinheiro vá na direção oposta. A TransferWise pode fazer isso de forma mais eficiente e em uma escala muito maior devido à enorme rede de usuários da plataforma e ao grande estoque de diferentes moedas espalhadas pelo mundo.

Essa tangente ameaçou um enorme mercado de grandes players no setor financeiro. Um memorando interno do Santander — uma das maiores instituições bancárias do mundo — vazado para o jornal *The Guardian* em 2017 indicava que as transferências internacionais geravam cerca de 10% dos lucros do banco. O memorando provocou controvérsia porque evidenciava até que ponto os consumidores são sobretaxados pelos bancos tradicionais ao enviar dinheiro para o exterior, e como essas instituições não são transparentes ao informar sobre suas taxas, que geralmente estão ocultas. Nas palavras de Hinrikus: "É uma enorme exploração do consumidor, mas o documento do Santander não me surpreende. O que me surpreende é por quanto tempo eles conseguiram agir assim sem sofrer consequências. Este é um ponto importante: três quartos dos consumidores que enviam regularmente dinheiro para o exterior não conseguem calcular o custo final quando as taxas de transferência são embutidas na taxa de câmbio. Consumidores e empresas perdem 5,6 bilhões de libras por ano no Reino Unido por causa dessas taxas adicionais."[54] Isso representa cerca de 36 bilhões de reais.

A TransferWise foi uma tangente engenhosa para contornar os bancos. Note que a startup não se tratava de um banco: ela foi projetada como uma plataforma escalável entre usuários para driblar as transferências internacionais dos bancos comerciais. A empresa obteve autorização e licenças da Autoridade de Conduta Financeira do Reino Unido para evitar problemas jurídicos, mas, na verdade, ela não presta serviços bancários. A TransferWise apenas pega carona nas estruturas bancárias existentes em todo o mundo. A plataforma e seus clientes usam seus respectivos bancos para transações locais e, pareando essas transferências locais gratuitas ou muito baratas em escala internacional, a TransferWise permite que os clientes não sejam reféns das altas taxas cobradas por grandes bancos comerciais e acaba assumindo uma grande fatia do negócio. Pegar carona permitiu à TransferWise criar um modelo de negócios totalmente novo.

A TransferWise desafiou os setores bancários, oferecendo transferências internacionais até oito vezes mais baratas. Essa estratégia abriu caminho para um negócio inovador, que desafia o *status quo* das transações financeiras transnacionais. Os fundadores da TransferWise começaram com uma pequena tangente (trocando dinheiro entre amigos), e isso os inspirou a ir além, pegando carona em uma rede de pessoas que estavam em circunstâncias semelhantes, mas em diferentes países. A empresa ganhou tanto impulso que recebeu investimentos de magnatas como Richard Branson, da Virgin Group (ele próprio um banqueiro) e o cofundador da PayPal, Max Levchin. Quase uma década após sua criação, a plataforma economiza mais de 4,1 milhões de dólares de seus clientes em taxas bancárias todos os dias.[55] Em 2020, a TransferWise valia mais de 5 bilhões de dólares[56] e, em 2021, a empresa mudou de nome para Wise, pois expandiu seus serviços financeiros para além das transferências de dinheiro.

QUANDO DEVEMOS USAR UMA TANGENTE CARONA?

Como vimos por vários exemplos, a carona é um tipo de saída pela tangente que faz uso de relações — sociais, comerciais, tecnológicas ou outras — preexistentes. As organizações mais ousadas, que atuam às margens do poder, tendem a ter uma vantagem quando se trata de identificar combinações não convencionais. Gestores, formuladores de políticas e outros *insiders* tendem a olhar para os sistemas que representam e percebê-los como acreditam que deveriam ser percebidos, porém são incapazes de ver como suas partes podem ser rearranjadas de forma mais vantajosa.

As tangentes carona que mostrei neste capítulo, como a saída de usar engradados de Coca-Cola para garantir o tratamento contra diarreia, não são triviais, mas oportunidades semelhantes muitas vezes são ignoradas. Além de ser um ótimo exemplo de carona, porque de fato leva o produto de um lugar a outro, a ColaLife também exemplifica a mentalidade mais propícia às tangentes do tipo carona: sempre há possibilidades. Mesmo nos locais mais remotos, existem sistemas. Seu desafio é identificar essas oportunidades e tirar proveito delas.

Desperdiçamos muitas oportunidades por ignorarmos formas de conectar o que está desconectado. Ao abordar seus próprios desafios, sugiro que você identifique e procure relações simbióticas e não convencionais, sejam elas mutualistas, comensalistas ou parasitárias. Olhe para o espaço *entre* as estruturas, não para dentro delas, e pense em como os sucessos dos outros podem ser usados em seu benefício. Em outras palavras, seja um peixe góbio, uma rêmora ou uma lombriga, e busque pensar de forma lateral sobre o quê e quem está à sua disposição.

2
A brecha

Foi graças a uma brecha que uma amiga que trabalha como empregada doméstica no Brasil se livrou de uma grande encrenca. Joana (um pseudônimo), que vivia com um salário-mínimo e recentemente investira suas economias para comprar um imóvel, começou a acumular dívidas no cartão de crédito depois que o marido sofreu um derrame. Ele teve que parar de trabalhar, o que significa que o casal passou a contar apenas com uma fonte de renda em vez de duas, e também precisava de medicamentos especiais.

O Sistema Único de Saúde (SUS) é responsável por oferecer serviços e tratamento a todos os cidadãos, mas medicamentos para doenças crônicas nem sempre são oferecidos de imediato. Nesses casos, é muito comum que pessoas com informações limitadas sejam enganadas e se vejam compelidas a pagar por tratamentos que, na verdade, o Estado fornece gratuitamente. Sob pressão para manter o marido vivo, Joana comprou o remédio às pressas no cartão de crédito, presumindo que poderia pagar a dívida em prestações graduais. O que ela não sabia é que a operadora cobrava uma taxa de cerca de 20% de juros ao mês.

Taxas de juro compostas são traiçoeiras, e especialmente perigosas para as populações de baixa renda e para aqueles que não compreendem o tamanho dos problemas que elas podem acarretar. No primeiro mês, o saldo total devido não é tão ruim em relação à sua renda. Mas, se você não conseguir pagar sua dívida prontamente, os juros se acumulam e, de repente, o montante excede sua capacidade de pagamento. Quando Joana me ligou, sua dívida era oitenta vezes maior do que a compra feita com o cartão de crédito. Naquela época, a soma era quase equivalente ao valor da casa dela.

No ano desse telefonema, a taxa média de juros para dívidas de cartão de crédito no Brasil era de 323% ao ano.[1] A taxa cobrada de alguém como minha amiga, que tinha baixa renda e poucas garantias, subia para 875%.[2] Quando Joana contraiu a dívida para comprar o medicamento, a taxa de inflação do país era de 6% ao ano, e não havia hiperinflação havia duas décadas. Uma taxa média de 323% era inimaginável, mesmo em comparação com outras regiões de baixa ou média renda; a segunda taxa de juros mais elevada da América Latina naquele ano era de 55%, no Peru.[3] Até o Código de Hamurabi, o código jurídico da Babilônia datado entre 1755 a.C. e 1750 a.C., estipulava que um credor não poderia cobrar taxas anuais superiores a 33,3% para um empréstimo de cereais e 20% para um empréstimo de prata.[4] Então, qual era a justificativa para esses números surreais? A única resposta que consigo oferecer é que, infelizmente, essa é uma prática de extorsão legalizada contra as pessoas pobres.

Mas minha amiga não sabia disso quando comprou os remédios. Ela nunca poderia imaginar que o medicamento necessário para manter o marido vivo se transformaria em um pesadelo. Quanto mais Joana tentava economizar para saldar o débito, mais sua dívida crescia, como uma bola de neve. Ao perceber a impossibilidade de liquidar o que devia, ela tentou renegociar, oferecendo ao banco cinco vezes o valor que havia gastado com o cartão de crédito. O banco não aceitou a oferta e, em vez disso, começou a enviar cartas ameaçadoras para lembrá-la dos efeitos devastadores que a dívida poderia ter a longo prazo.

O que me incomoda profundamente nessa história é que a lei estava do lado do banco. O banco estava tecnicamente certo, sim, mas como esse quadro poderia ser aceitável?

Quando Joana me contou o que estava acontecendo, pensei no caso como uma versão moderna de *O mercador de Veneza*, de Shakespeare. Para resumir, Antonio empresta 3 mil ducados do agiota Shylock para seu amigo Bassanio, que pretende viajar para Belmonte para se casar com Portia, uma herdeira rica. O contrato afirma que, caso a dívida não seja liquidada no prazo especificado, Shylock poderá retirar uma libra da carne de Antonio. De forma inesperada, Antonio não consegue pagar a dívida, e Shylock o leva ao tribunal. Antonio pede misericórdia, oferecendo um pagamento correspondente ao dobro do valor do empréstimo, mas Shylock se recusa com veemência, alegando que está apenas seguindo a lei.

O contrato não pode ser anulado, afinal, Shylock está tecnicamente correto. Por mais cruel que pareça, a lei está ao seu lado e Shylock exige a carne. Mas então Portia (a herdeira rica e inteligente que acabara de se casar com Bassanio), disfarçada de homem, vem em socorro de Antonio. No julgamento, ela reinterpreta o contrato para alegar que o texto permite, sim, que Shylock remova uma libra da carne de Antonio, mas exatamente isso: nem um grama a mais, nem um grama a menos, e nem uma única gota de sangue poderia ser derramada no processo. A tangente usada por Portia é inteligente e eficaz, precisamente porque não confronta a brutalidade do contrato como razão para sua anulação. Em vez disso, ela tornou sua execução praticamente impossível.[5]

Assim como Shylock, o banco que pressionava minha amiga era inflexível, mas tecnicamente estava certo. Eu sabia que o contrato dela não poderia ser anulado. Mas será que havia algum tipo de tangente capaz de impedir a sua execução?

Quando eu e Joana fomos em busca de aconselhamento jurídico, o advogado nos disse que os bancos sabem a melhor forma de redigir seus contratos para evitar reviravoltas interpretativas como a de Portia. Mas havia, sim, outra maneira de contornar os termos do contrato.

Segundo a lei brasileira, uma dívida expira em cinco anos. Enquanto esse período não corresse, o banco poderia processar Joana para "tirar sua carne", o que, na concepção moderna de usura, significaria tomar todos os seus bens para amortizar a dívida. A exceção era o imóvel, que a lei brasileira não permite ser retirado de um devedor. E se Joana não tivesse nenhuma carne para o banco tirar?

Eis o que a tangente implicava nesse caso. Joana manteve a casa em seu nome e doou seus poucos bens restantes para o filho. Sua renda mensal não foi confiscada porque ela trabalhava informalmente, e pedia aos empregadores que pagassem em dinheiro. Até que sua dívida expirasse, Joana não conseguiria comprar nada em seu nome, e não poderia usar qualquer tipo de serviço financeiro por conta própria. Por sorte, minha amiga tinha parentes que podiam fazer isso em seu nome: o filho abriu uma conta bancária que na prática se tornou a da mãe. Um incômodo? Sim, mas muito pequeno quando comparado ao que Joana tinha a perder caso continuasse usando a conta bancária em seu nome.

No início do quinto ano, sabendo que acabaria de mãos vazias, o banco entrou em contato para oferecer um acordo: Joana pagaria cinco vezes o valor original devido. O banco fez com que esse parecesse um ótimo negócio quando comparado à sua dívida, que na época era aproximadamente 9.100 vezes o que ela gastara com o cartão de crédito. Mas a situação já havia mudado. Para Joana, a melhor saída ainda era usar a brecha. Ela sabia que dentro de alguns meses sua vida voltaria ao normal.

No fim das contas, ela se livrou de um problema jurídico e não precisou pagar o dinheiro que gastou nas contas médicas do marido. Ela deveria sentir remorso? Talvez sim, talvez não. Ela estava "tecnicamente certa"? Sim, tão certa quanto o banco que tentou legalmente extorqui-la.

O QUE É UMA TANGENTE BRECHA?

Costumamos pensar em brechas como táticas negativas por natureza, que beneficiam os poderosos. A maioria de nós já ouviu falar dos truques que aqueles que fazem parte do 1% mais rico do mundo usam para fugir dos impostos, escondendo fortunas em paraísos fiscais como as Ilhas Cayman, um país que abriga mais empresas offshore do que pessoas.[6] O que não percebemos é que as brechas também funcionam para aqueles de nós que não são ricos nem famosos.

Uma tangente do tipo brecha pode ser particularmente útil quando há regras formais ou informais que podem ser injustas ou criam barreiras para que uma meta seja atingida. A brecha tira proveito de uma ambiguidade ou usa um conjunto de regras não convencionais cuja aplicação não é tão óbvia. Neste capítulo, vamos nos aprofundar em histórias de organizações e indivíduos ousados que, com grande engenhosidade, encontraram maneiras de desafiar um *status quo* que lhes era indesejável. A partir dessas histórias aprenderemos como, com alguma criatividade e muita atenção ao que as regras dizem (e não dizem), podemos nos beneficiar de suas inadequações para desviar ou evitar o seu propósito.

USANDO A AMBIGUIDADE

Quando pensamos em brechas nas regras, naturalmente a primeira coisa que vem à mente são os advogados. Todos conhecemos filmes, programas de TV e livros que apresentam advogados carismáticos manobrando por entre as brechas jurídicas. Eu mesmo adorava ver Saul Goodman usar todos os truques sujos disponíveis para defender bandidos e gângsteres nas séries *Breaking Bad* e *Better Call Saul*.

O que mais nos intriga nos casos das brechas jurídicas é que, mesmo quando os advogados entram em um território ético nebuloso, os métodos que utilizam são "tecnicamente corretos": eles cumprem a lei e exploram com destreza as ambiguidades a favor dos seus clientes. Na verdade, todos os tipos de brechas se baseiam em ambiguidades ou utilizam um conjunto de regras para contornar outro. Elas nem sempre resolvem questões sociais mais amplas, porém, servem para atender às necessidades mais urgentes do cliente.

Em certos casos, contudo, as injustiças sociais precisam ser enfrentadas, pois algo ser técnica ou legalmente correto nem sempre significa ser moralmente correto. Encontrar a brecha certa pode ajudar tanto um indivíduo quanto uma comunidade. Tomemos como exemplo a defesa de Arthur Ewert, comunista alemão que veio ao Brasil na década de 1930 para assumir um papel de liderança em uma insurgência contra a ditadura de Getúlio Vargas. Após uma revolta malsucedida, Ewert foi preso e mantido por mais de dois anos em um confinamento claustrofóbico, submetido repetidamente a todos os tipos horríveis de tortura.[7]

A prisão de Ewert aconteceu treze anos antes da Declaração Universal dos Direitos Humanos. Além de não existir uma grande preocupação com o sigilo sobre a tortura naquela época, o regime também queria que os possíveis dissidentes soubessem a respeito do tratamento dado a Ewert, na esperança de que isso os intimidasse e provocasse sua submissão.

As pessoas sabiam o que estava acontecendo, e não havia nada tecnicamente errado com isso de acordo com o direito civil brasileiro da época. Mas, quando o advogado Sobral Pinto concordou em representar Ewert, ele teve a engenhosa ideia de aproveitar os termos da Lei nº 24.645, para a proteção de animais, instituído um ano antes da prisão de Ewert.[8] A lei afirmava que todos os animais que vivem no país deveriam ser protegidos pelo Estado, e que qualquer pessoa que os tratasse de forma privada ou pública com crueldade poderia ser multada e presa. O ato proibia, por exemplo, manter animais em espaços não higiênicos, prejudicando-os com a escassez de ar, descanso, espaço e luz.[9]

Ao colocar uma brecha à prova, Sobral Pinto apresentou uma petição alegando que o corpo de Ewert também deveria ser protegido pelo Estado sob a Lei nº 24.645. Ele descrevia como o tratamento de Ewert era uma violação evidente da lei, comparando as condições de sua prisão ao tratamento cruel de animais em fazendas e matadouros, algo proibido pela legislação. O advogado chegou, inclusive, a se valer da jurisprudência de condenação de um indivíduo acusado de espancar violentamente seu cavalo até a morte.

A petição de Sobral Pinto não apenas explorava uma violação jurídica, como também expunha as incoerências de um regime ditatorial. A grotesca associação da tortura nas prisões com o bem-estar dos animais nas fazendas e nos matadouros provocou indignação pública. As pessoas perceberam e criticaram abertamente o fato de o regime de Vargas tratar os cavalos melhor do que os humanos. Graças a essa brecha, Ewert foi transferido para uma cela em condições mais humanas. O presidente, que queria acabar com os comentários negativos sobre seu governo, supostamente teria solicitado a transferência. Além de melhorar as condições do prisioneiro alemão, a petição também desencadeou comoção e mobilização públicas que aos poucos fizeram avançar os limites dos direitos humanos no país.[10]

Mesmo que a ditadura não tenha desmoronado imediatamente e Ewert não tenha sido libertado, suas condições no cárcere melhoraram. A brecha não era a ideal, mas Sobral Pinto explorou as soluções possíveis em vez de buscar um caminho perfeito. Ao aplicar um conjunto de regras aparentemente não relacionadas ao problema, podemos explorar as possibilidades viáveis e lidar com nossas questões mais urgentes.

Não existe motivo para acreditarmos que um caso isolado culminaria em grandes mudanças nas leis, afinal, normas refletem nossas expectativas, e nossas expectativas mudam à medida que aprendemos, lutamos e reconhecemos novas possibilidades.

TROCANDO ALIANÇAS

Estudar casos históricos nos mostra que, ainda hoje, as leis podem ser injustas, o que, por sua vez, nos torna mais dispostos a valorizar formas de contornar regras. Pensando desse modo, podemos atender às nossas necessidades mais urgentes enquanto pressionamos por mudanças na legislação.

Você deve se lembrar, pelas aulas de história, que no século XVI a Igreja Católica Romana proibiu que o rei Henrique VIII da Inglaterra se divorciasse de Catarina de Aragão para se casar com Ana Bolena. Contrariado, Henrique VIII rompeu laços com a igreja de Roma e criou uma própria, a Igreja Anglicana. Essa pode ter sido a solução ideal para um monarca absolutista, mas a maioria das pessoas não tem o mesmo poder para ir contra instituições poderosas.

Na verdade, o problema de Henrique VIII continuou prevalecendo ao longo dos séculos. O divórcio — especialmente o divórcio sem princípio da culpa, quando os laços conjugais podem ser dissolvidos sem evidência de irregularidades por qualquer uma das partes — é um instrumento legal bastante recente em muitas jurisdições com grandes populações cristãs. Por exemplo, Malta permitiu tal regra apenas em 2011,[11] o Chile em 2004,[12] a Irlanda em 1997,[13] a Argentina em 1987[14] e o Brasil em 1977.[15] Nos Estados Unidos, onde as regras sobre a dissolução do casamento variam entre os estados, o primeiro a permitir o divórcio sem culpa foi a Califórnia em 1969,[16] e o último foi Nova York, apenas em 2010.[17] Antes disso, muitas pessoas comuns — aquelas sem os poderes de um rei — recorreram às brechas, em mais um exemplo de como indivíduos sem poder para alterar as regras podem aproveitar as brechas para obter o que necessitam. Mesmo sem alterar sistemas jurídicos inteiros, uma brecha pode beneficiar diretamente grandes grupos quando a tática é aplicada numa situação que afeta muita gente, ou indiretamente, quando serve de inspiração para novas saídas pela tangente em contextos semelhantes.

A brecha Elizabeth Taylor

No século XX, a brecha mais comum e eficaz para obter um divórcio sem princípio da culpa era ir a um país estrangeiro para realizar o divórcio, e depois validar a certidão no país onde o casal residia. Essa brecha era viável por dois motivos. Primeiro, alguns países concediam divórcios a estrangeiros de forma legal e administrativamente simples.[18] Segundo, a maioria das jurisdições honra os instrumentos jurídicos acordados no exterior.[19]

De todos os destinos para se divorciar, o México se tornou o país de referência para os americanos durante as décadas de 1940 a 1960.[20] O chamado "divórcio mexicano" era rápido, levava apenas três horas para ser concluído e, em alguns casos, os certificados de divórcio eram obtidos por correio.[21] Apenas nos Estados Unidos, aproximadamente 500 mil casais obtiveram um divórcio rápido no México entre 1940 e 1960.[22] Exemplos de famosos que usaram essa brecha incluem Elizabeth Taylor e Eddie Fisher em 1964,[23] Marilyn Monroe e Arthur Miller, em 1961,[24] e Paulette Goddard e Charlie Chaplin em 1942.[25]

Muitos casais também se aproveitaram de uma brecha parecida para se casar de novo. Por exemplo, até 1977 os brasileiros podiam se separar oficialmente de um cônjuge, mas eram impedidos de dissolver por completo os laços conjugais. A implicação prática era que, embora não compartilhassem mais uma casa e um patrimônio, o Estado não lhes permitia se casar de novo.[26] Mas, ao atravessar a fronteira para a Bolívia ou o Uruguai, os ex-cônjuges transformavam a "separação" em "divórcio" e, em seguida, estavam livres para se casar com outra pessoa.[27] Com suas novas certidões de casamento em mãos, essas pessoas poderiam retornar e validar seus documentos no Brasil. Alguns seguiam uma rota ainda mais simples: por meio de um casamento por dupla procuração no México, casais em todo o mundo se casavam sem ter que deixar o país de origem. Eles eram representados em seus casamentos por outros indivíduos, como advogados locais, que enviavam a certidão de casamento para o endereço residencial do casal. O certificado seria depois reconhecido e validado no país dos recém-casados sem qualquer impedimento legal.[28]

Seja no passado ou na atualidade,[29] os exemplos dos casamentos nos fazem lembrar que muitas pessoas podem se beneficiar de uma mesma brecha. Não precisamos ser os descobridores de uma brecha para podermos nos beneficiar dela. E podemos usar as do passado como inspiração para encontrar oportunidades análogas no presente.

Uma brecha para o amor

A lógica da brecha para o casamento continua ajudando milhões de casais homoafetivos que são privados da instituição do casamento (em 2021, isso significava casais em 164 dos 195 países do mundo).[30] A primeira legislação nesse sentido entrou em vigor em 2001 na Holanda,[31] e muitos países, em especial na Europa Ocidental e nas Américas, seguiram o exemplo holandês.[32]

As mudanças legislativas nesses países criaram oportunidades para que casais do mesmo sexo no século XXI reaproveitassem as brechas utilizadas pelos casais heterossexuais no século XX. Em Israel, por exemplo, é fácil encontrar organizadores de casamentos que oferecem pacotes para que casais do mesmo sexo se casem em países da Europa Ocidental, como Portugal.[33] Embora Israel conceda aos casais homoafetivos a mesma pensão, herança e direitos médicos que aos casais heterossexuais, o casamento não é permitido por ser considerado uma instituição religiosa no país. Essa é uma limitação não só para casais do mesmo sexo, mas também para casais heterossexuais de religiões diferentes, ou para qualquer pessoa que não deseje um casamento religioso.[34] Por essa razão, milhares de pessoas já se casaram oficialmente no exterior e depois registraram suas certidões de casamento no país, sem qualquer impedimento legal.

Embora essa seja uma alternativa atraente para os casais em Israel, os riscos no uso de uma brecha para providenciar um casamento entre pessoas do mesmo sexo podem ser muito maiores em outros países, onde as relações não heterossexuais são proibidas e puníveis com prisão ou mesmo com a pena de morte. Porém, até na Rússia — um país que incentiva ativamente crimes de ódio contra casais do mesmo sexo e ativistas LGBTQIAP+ — há uma brecha que foi colocada à prova.[35] A lei russa afirma que casamentos realizados no exterior são legítimos, desde que não sejam entre parentes ou pessoas já registradas como casadas no país.[36] O texto não menciona que as uniões do mesmo sexo devem ser invalidadas. Por meio dessa brecha, um casal gay da Rússia que reside e se casou nos Estados Unidos enviou seus documentos ao Serviço de Tributação Federal da Rússia para receber as taxas sociais dedutíveis para cônjuges. Pelo visto, a agência não teve alternativa a não ser aprovar a solicitação e conceder o benefício ao casal.[37]

Episódios de casais homoafetivos que viajam para um país estrangeiro para se casar seguem pouco comuns na Rússia,[38] na Polônia,[39] em Uganda,[40] no Marrocos[41] e em outros países onde a animosidade em relação a pessoas LGBTQIAP+ permanece alta. É difícil encontrar números porque esses países costumam afirmar que "nenhum indivíduo homossexual vive aqui", uma declaração obviamente falsa, porém conveniente para regimes que esperam varrer seu preconceito para debaixo do tapete. A maioria dos casais de mesmo sexo que vive nesses países tem medo das repercussões ou não pode arcar com os custos de se casar no exterior. A brecha alternativa é a possibilidade de os dois indivíduos abrirem uma empresa como "sócios". Em seguida, podem explorar as estruturas legais de seu país ao menos para proteger os direitos de compartilhar ativos, renda, investimentos e contas bancárias, enquanto evitam chamar a atenção.

É lógico que essa brecha está longe de ser a ideal, mas ela soluciona alguns dos problemas que os casais homoafetivos enfrentam na maioria dos países do mundo. As pessoas podem contornar as regras que as atrapalham sem precisar se envolver no árduo e demorado processo de mudança de regras opressivas em seus países de residência. É possível obter o que querem fazendo bem menos estardalhaço do que Henrique VIII.

BRECHAS EM ÁGUAS DESCONHECIDAS

Embora seus efeitos possam ser monumentais, brechas não são oportunidades exclusivas para especialistas com profundo conhecimento da lei. Só percebi como elas podem ser muito mais acessíveis e impactantes do que costumamos pensar quando entrevistei a médica holandesa Rebecca Gomperts como parte do meu estudo.

Nesta seção, conheceremos algumas maneiras utilizadas para tangenciar as leis que limitam o acesso ao aborto. Focaremos somente (1) nas restrições legais, sem considerar outras questões (como impedimentos financeiros, religiosos e a falta de infraestrutura) que impedem as pessoas de fazer um aborto; (2) nos riscos à saúde que muitas pessoas enfrentam, especificamente em países onde esse procedimento é ilegal; e (3) nos abortos seguros e não cirúrgicos (por meio de medicamentos abortivos) que podem ser oferecidos durante as primeiras dez a doze semanas de gestação.

Abortos de risco

"É inequívoco que as proibições ao aborto custam a vida de mulheres." Essa foi uma das primeiras coisas que Dame Lesley Regan — professora de ginecologia e obstetrícia da Imperial College London e uma das principais especialistas mundiais de saúde reprodutiva, eleita Secretária Honorária da Federação Internacional de Ginecologia e Obstetrícia (FIGO) em 2018 — me disse quando eu tentava entender a magnitude desse problema. Um erro comum é pensar que as leis antiaborto evitam abortos: na verdade, os abortos continuam acontecendo, mas de maneiras inseguras.

Abortos seguros são conduzidos por meio de um método recomendado pela OMS; podem ser realizados com pílulas abortivas ou em um procedimento cirúrgico feito por um profissional com as competências médicas necessárias, dependendo da fase da gravidez. A OMS define abortos inseguros de acordo com um espectro: "menos seguros", quando realizados com métodos cirúrgicos desatualizados ou sem informação e apoio adequados; e "pouco seguros", quando o procedimento envolve a ingestão de substâncias perigosas ou quando indivíduos não treinados utilizam métodos cirúrgicos inseguros, como a inserção de corpos estranhos.[42]

Dados da OMS mostram que entre 2015 e 2019, em média, 73,3 milhões de pessoas em todo o mundo realizaram abortos induzidos, e aproximadamente 25 milhões de procedimentos foram realizados em condições inseguras.[43] Em todo o mundo, cerca de 22 mil pessoas morrem todos os anos devido a complicações relacionadas com abortos inseguros, e de 2 milhões a 7 milhões sofrem de graves complicações de saúde, tais como sepse, perfuração uterina ou lesões em outros órgãos internos.[44] Além disso, da média de 60 milhões de abortos realizados todos os anos, aproximadamente 45% são inseguros, conforme definido pela OMS, e 97% de todos os inseguros ocorrem em países de baixa e média renda, em especial no Sudeste Asiático, na África Subsaariana e na América Latina.[45]

Os abortos realizados de forma insegura representam uma das principais causas de mortalidade materna, responsáveis por cerca de uma em cada oito mortes relacionadas com a gravidez em todo o mundo. No entanto, apenas 30% dos países permite a realização de um aborto com base no pedido de uma grávida.[46] Um passo fundamental para prevenir abortos inseguros é mudar as leis dos países onde esse procedimento é ilegal. No entanto, legislações antiaborto são reflexo de fatores morais, religiosos e regulatórios entranhados nas sociedades, difíceis de serem mudados. Será que existe uma forma de contornar essas leis — uma que aborde essa questão urgente no presente e ao mesmo tempo promova mudanças estruturais no futuro?

Navegando para águas internacionais

Em meados dos anos 1990, a dra. Gomperts serviu como voluntária no Greenpeace como médica de um navio. Ela veio da Holanda, um país onde as grávidas tinham acesso a abortos seguros, mediante solicitação ao governo. Trabalhando para a organização em países onde o aborto era ilegal, no entanto, a dra. Gomperts viu pessoas que sofriam as consequências de procedimentos clandestinos malfeitos, quando poderiam ter realizado abortos seguros pelo uso de pílulas. Percebendo as restrições legais que impediam esse tipo de procedimento, a médica perguntou ao capitão do navio do Greenpeace: "Como podemos criar um espaço onde a única permissão que uma mulher precise é a dela mesma?" A resposta do capitão estimulou-a a partir para a ação: "Bem, se você tivesse um navio holandês, poderia levar as mulheres a bordo e navegar para águas internacionais para realizar um aborto seguro e dentro da lei." O motivo: quando um navio está em águas internacionais[47] e a pelo menos 20 quilômetros da costa, são válidas apenas as leis do país de sua bandeira.[48]

Aquela ideia foi catalisadora para uma nova linha de ação. Gomperts fundou, em 1999, uma organização sem fins lucrativos, a Women on Waves. Dirigida por um grupo de ativistas e voluntários, a organização sem fins lucrativos oferece serviços de aborto seguro para residentes em países onde o procedimento é ilegal. As pessoas que optam por encerrar sua gestação embarcam em um dos navios holandeses alugados pelo grupo, navegam para águas internacionais acompanhadas por profissionais de saúde, e lá podem fazer abortos seguros e legais.

O grupo aproveita o fato de que o que restringe o acesso das pessoas a um aborto seguro não é a sua nacionalidade, e sim a lei da jurisdição onde vivem. A bordo do navio, a Women on Waves oferece aos pacientes uma combinação de duas pílulas: mifepristona e misoprostol. Ambas estão na Lista de Medicamentos Essenciais da OMS desde 2005. Quando combinados, os medicamentos são 95% eficazes e têm o potencial de salvar milhares de mulheres da morte causada por um aborto inseguro.[49] Na prática, apenas uma em cada 500 mil pessoas morre devido a esses medicamentos: "É um procedimento muito mais seguro do que dar à luz e equivale ao risco de um aborto espontâneo", explica Gomperts.

A clínica móvel do navio — um contêiner equipado internamente com uma sala de tratamento — foi mais uma brecha que Gomperts encontrou. O governo holandês não concederia licença médica se o navio não tivesse uma clínica. Gomperts me contou que "uma clínica não é necessária para realizar abortos com pílulas, mas nós a construímos para ajudar a obter a licença médica na Holanda". Isso significa que Gomperts e seus colegas construíram uma clínica desnecessária apenas para obter a licença necessária para prestar serviços de aborto.

A primeira campanha da Women on Waves aconteceu em 2001 na Irlanda, que na época era o país com as leis de aborto mais restritivas da Europa. Na época, o grupo fracassou na sua missão por não saber que era necessária uma licença do governo holandês para realizar o procedimento no navio. No entanto, o projeto provocou controvérsia e ganhou fama mundial quando tanto a mídia conservadora como a progressista o apelidaram de "barco do aborto". Desde então, a Women on Waves lançou várias campanhas de sucesso, com voluntários navegando para diversos outros países onde o aborto, dependendo da semana de gravidez, é ilegal, como Polônia, Portugal, Marrocos e Equador, para oferecer abortos seguros.

Apesar da reação a essas campanhas, Gomperts explica: "Não existe propaganda ruim, exceto se for um obituário." É por isso que a Women on Waves muitas vezes enfrenta grupos antiaborto e defende abertamente uma postura agressiva e controversa para aumentar a conscientização e mobilizar movimentos pelo direito ao aborto. No Equador, por exemplo, a organização fez uma parceria com grupos locais que até então tinham pouca cobertura da imprensa. Penduraram uma faixa em uma estátua da Virgem Maria em Quito, com os dizeres em espanhol "Sua decisão: aborto seguro" seguidos por um número de uma central telefônica. Essa foi uma forma de anunciar os serviços do navio e criar um burburinho midiático que poderia ser aproveitado pelos grupos de base para pressionar por mudanças na legislação do aborto.

Em Portugal, a reação que o grupo enfrentou foi ainda mais forte e imprevisível do que no Equador. Ao navegar em direção à costa portuguesa, o capitão do "barco do aborto" foi informado de que o governo local tinha enviado dois navios de guerra para impedir a sua entrada em águas portuguesas. Era uma evidente violação dos acordos internacionais: o governo português não poderia recusar o acesso, especialmente a um navio proveniente de um país da União Europeia, uma vez que o bloco garante liberdade de circulação.

Uma das voluntárias do Women on Waves me explicou: "No começo, ficamos muito chateados, pensando que a campanha estava fracassando, porque o navio não conseguiu entrar. Mas então, em um certo ponto, percebemos que aquela foi a melhor coisa que poderia ter acontecido. Recebemos cobertura da mídia de todos os lugares. O navio de guerra era algo ainda mais chamativo que o próprio barco do aborto."

Das ondas para a internet

Depois da cobertura midiática em Portugal, Gomperts percebeu que mais uma brecha poderia funcionar para contornar a aplicação da lei: usar os meios de comunicação para divulgar o Women on Waves e educar a população sobre o acesso ao aborto seguro. Depois de atrair toda aquela atenção, Gomperts foi a um canal português de TV aberta e deu instruções passo a passo sobre como as moradoras locais poderiam usar de forma autônoma o misoprostol, induzindo contrações para interromper a gravidez com segurança. A Women on Waves também publicou as instruções em seu site e as compartilhou em todos os tipos de mídia.

A abordagem de Gomperts foi muito inteligente por dois motivos: primeiro, a lei em Portugal de fato não permitia a prestação de serviços de aborto no país, mas não havia nada que a impedisse juridicamente de fornecer *informações* sobre como fazer um aborto. Segundo, embora a mifepristona em geral não esteja disponível fora dos hospitais, o misoprostol é encontrado nas farmácias da maioria dos países, incluindo muitos onde o aborto é ilegal, porque o término da gravidez é um efeito colateral do medicamento, cujas indicações terapêuticas são úlceras no estômago e sangramento pós-parto. Ele pode ser usado isoladamente, e para além de suas indicações na bula, a fim de induzir abortos com segurança. A taxa de sucesso é de 94% se o medicamento for tomado nas primeiras doze semanas de gravidez. Mesmo que a pílula cause efeitos colaterais piores do que o esperado ou muita dor, a paciente ainda poderá ir a um médico e dizer que teve um aborto espontâneo. Os médicos não têm como detectar a diferença entre um aborto espontâneo e um induzido pelo misoprostol: os sintomas são idênticos.

Esse foi um momento importante para o grupo, e pode ser atribuído ao fato de terem se aproveitado de várias brechas. Para alcançar mais pessoas, Gomperts criou uma organização-irmã, a Women on Web, que ajuda a propagar informações sobre o aborto e facilitar o acesso às pílulas abortivas quando não há opções seguras e legais disponíveis no lugar onde estão. No site, as pessoas que buscam encerrar a gravidez passam antes por um questionário virtual interativo, seguido por uma série de interações com voluntários não médicos. As respostas do questionário determinam se os pacientes devem ser encaminhados a uma consulta on-line com um médico ou não. Se houver indicação de risco, um médico tem um encontro virtual com o paciente para identificar se (e em que circunstâncias) a pessoa poderá realizar um aborto seguro. Se nenhuma contraindicação for sinalizada na pesquisa, os entrevistados podem receber as pílulas abortivas com instruções de uso, sem a necessidade de uma triagem com um médico em si.

Caso não sejam identificadas complicações (como oficiais aduaneiros reconhecidamente invasivos ou serviços postais não confiáveis), as pessoas receberão um pacote grátis contendo mifepristona, misoprostol e um teste de gravidez, em geral enviado por serviços de entrega ou pelo correio. Para que os medicamentos passem pela alfândega, os pacotes são enviados com uma receita assinada por um médico holandês; o envio de medicamentos da Holanda não é ilegal. Se os medicamentos forem barrados na alfândega, a Women on Web explica aos pacientes como comprar misoprostol onde vivem e como administrá-lo com segurança.

Os benefícios de contornar as leis

Com as organizações gêmeas, Gomperts e seus colegas foram engenhosos, adaptando suas abordagens em diferentes contextos. O impacto de ambas tem sido impressionante. Quando conversei com Gomperts em 2018, a equipe da Women on Web havia respondido a mais de 100 mil e-mails e enviado mais de 6 mil pacotes por ano. Aproximadamente 99% das pessoas que usaram o serviço relataram alta satisfação com o apoio prestado.

Além disso, em alguns casos, a organização teve um impacto mais permanente do que apenas viabilizar abortos às pessoas necessitadas. Por exemplo, dois anos depois que o "barco do aborto" navegou até Portugal, o país legalizou o procedimento. Depois que as forças militares tentaram impedir que o navio da Women on Waves avançasse por águas portuguesas, o tópico passou a ser amplamente discutido em Portugal. Os formuladores de políticas e os movimentos de base ficaram indignados com a reação desproporcional do governo na ocasião. Nas palavras de Gomperts: "Sabemos que, na prática, desviar [das leis] também está facilitando mudanças na legislação... isso estimulou organizações políticas tradicionais a se posicionarem sobre o tema."

Ao ser adaptável e aprender a buscar oportunidades, Gomperts criou iniciativas que demonstram como as brechas podem ser acessíveis e trazer consequências importantes. Há muito a aprender com o atrevimento de organizações como a Women on Waves, precisamente porque elas não têm recursos financeiros e tampouco estruturas de poder capazes de mudar o sistema por inteiro. Em vez disso, elas abordam seus problemas de forma engenhosa e não convencional, por meio de intervenções graduais. Ao explorar territórios desconhecidos, essas organizações encontram oportunidades que podem ter passado despercebidas a princípio. Gomperts não era formada em Direito, mas recorreu a inovação e criatividade para contornar as regras. Ela não se propôs a reformular a narrativa em torno do aborto, mas foi capaz de aproveitar oportunidades que transformaram sua simples missão de prestar um serviço em algo muito maior.

Hoje, ela é uma experiente mestra na arte de encontrar brechas, mas essa é uma habilidade que Gomperts desenvolveu ao longo do tempo e que todos nós também podemos cultivar. Sua trajetória não apenas nos oferece ótimos exemplos de como podemos identificar e buscar tangentes, mas também nos mostra que o ímpeto contínuo de explorar várias tangentes diferentes pode ser mais benéfico (tanto no curto quanto no longo prazo) do que ficar sonhando com uma intervenção única e definitiva.

BRECHAS PARA COMPARTILHAR INFORMAÇÕES PROTEGIDAS

Brechas como as encontradas por Gomperts podem causar estardalhaço, mas também podem ser mais silenciosas do que um sussurro. Por exemplo, quando o governo chega a um provedor de serviços de comunicação em busca de dados dos usuários, muitas empresas de tecnologia alertam o mundo por meio do silêncio.[50] O chamado *warrant canary*, ou "canário de garantia", é uma espécie de saída pela tangente que as empresas de tecnologia usam contra a vigilância governamental para enfrentar os desafios antes que eles surjam.

Essa tangente recebeu o nome em alusão ao pássaro que era levado pelos mineiros para a perfuração. O objetivo era que a ave os alertasse sobre a presença de monóxido de carbono e outros gases tóxicos indetectáveis pelo olfato humano: se o canário ficasse fraco ou morresse, os trabalhadores sabiam que era necessário sair da mina depressa. Um "canário de garantia" — declaração publicada por uma empresa indicando que *não* recebeu solicitações sigilosas sobre os dados dos usuários por parte de agências oficiais — é uma técnica semelhante. Quando a publicação desaparece e a empresa fica em silêncio, os usuários podem presumir que a plataforma recebeu um mandado.

Um passarinho me contou

Com os canários de garantia, as empresas de tecnologia usam uma brecha jurídica para manter os usuários cientes do que está acontecendo nos bastidores, driblando os requisitos de sigilo das agências de aplicação da lei nos Estados Unidos. Segundo a Lei Patriótica norte-americana, as agências podem intimar as empresas de tecnologia com um mandado de sigilo imposto pela justiça. Nesses casos, elas não apenas são forçadas a fornecer dados dos usuários, como também são legalmente impedidas de divulgar a terceiros sobre a expedição do mandado. As empresas de tecnologia detestam ainda mais as cartas de segurança nacional; estas podem ser emitidas sem ordens judiciais, permitindo que as agências conduzam investigações sem interferência alguma, inclusive do sistema judicial. Com esses tipos de instrumentos legais, agências como NSA, FBI e CIA buscam manter seus alvos desprevenidos enquanto são observados.[51]

A vigilância governamental vai contra o espírito mais básico das comunidades nerds e das companhias fundadas por essas. Não há muito que as empresas de tecnologia possam fazer para se opor à lei, mas elas podem, sim, contorná-la ao explorar uma brecha: sob a proteção das leis de liberdade de expressão dos Estados Unidos, elas estão autorizadas a declarar que "o governo não passou por aqui" e a remover essa declaração quando um mandado chega. As agências de aplicação da lei não podem censurar o que as empresas dizem antes de receberem um mandado.[52]

Um canário de garantia é uma abordagem boa o suficiente e legalmente segura que fornece aos usuários alguma margem de manobra para proteger seus dados e, em última análise, sua privacidade. Gigantes da tecnologia como Adobe, Apple, Medium, Pinterest, Reddit e Tumblr já empregaram essa tangente para indicar aos usuários que estava "tudo certo", cultivando a fidelidade dos clientes e uma reputação corporativa positiva.

O caso do Reddit — uma empresa americana avaliada em 6 bilhões de dólares em 2021,[53] que agrega notícias e fornece uma plataforma para classificações e discussões sobre conteúdo da internet — foi particularmente emblemático. Até 2014, o Reddit tinha uma declaração informando aos usuários que "nunca havia recebido uma ordem de segurança nacional, nem um pedido sob a Lei de Vigilância de Inteligência Estrangeira, ou qualquer outra solicitação sigilosa por informações dos usuários". Também dizia explicitamente: "Se algum dia recebermos esse pedido, tentaremos deixar o público ciente de que isso aconteceu."

Quando esse texto foi removido do site em 2015 e a empresa postou uma mensagem enigmática dizendo que não poderia comentar o desaparecimento do "canário", seus usuários souberam de imediato o que significava e puderam agir. A brecha empregada foi eficiente, não apesar do obediente silêncio da empresa, mas exatamente por causa dele.⁵⁴

O silêncio do Reddit em 2015 foi importante não apenas porque informou com sucesso os usuários, mas também porque foi implementado alguns anos após a morte de um de seus cofundadores, Aaron Swartz. As circunstâncias que rodearam a sua morte encorajaram muitos acadêmicos e ativistas a procurar brechas para driblar os *paywalls*, a ferramenta que bloqueia o acesso a usuários não pagantes e que tanto dificulta a disseminação do conhecimento acadêmico.

Driblando o *paywall*

Swartz foi um dos ativistas hackers mais renomados do mundo, e um membro muito ativo do movimento pela ciência aberta, que é guiado pelo princípio de que o conhecimento deve ser livre para ser usado, reutilizado e redistribuído sem restrições. Swartz foi preso e se arriscou a uma pena de 35 anos de prisão depois de supostamente tentar burlar um *paywall* para baixar e disponibilizar publicamente artigos acadêmicos da plataforma JSTOR, por meio de uma conta do Instituto de Tecnologia de Massachusetts (MIT, na sigla em inglês). O hacker tirou a própria vida em 2013, aos 26 anos, após a promotoria rejeitar uma contraproposta ao seu acordo judicial.⁵⁵ Por sua luta a favor da ciência aberta, ele se tornou um ícone entre nerds da informática, gigantes da tecnologia, acadêmicos e ativistas, porém muito criticado nos setores de entretenimento, no editorial e no farmacêutico.

Swartz inspirou aqueles que ainda tentam driblar os limites do acesso ao conhecimento, mas que fazem isso sem correr o risco de ir para a cadeia. Embora tenha adotado uma abordagem mais conflituosa em relação aos direitos de propriedade intelectual e tenha sofrido grande resistência, outros hackers depois dele encontraram e utilizaram brechas legais pelas quais não podem ser facilmente processados. As autoridades teriam de se esforçar muito para categorizar essas brechas como infração contributiva — isto é, quando um acusado sabe da infração final e a provoca ou contribui materialmente para ela. Mas, mesmo no caso muito improvável de tais pessoas serem processadas, suas ações seriam bastante contestadas e difíceis de provar.

Por exemplo, no mesmo ano em que Aaron Swartz foi preso, a hashtag *#icanhazpdf* passou a ser usada para solicitar acesso a artigos de periódicos acadêmicos protegidos por acesso pago. Funciona assim: quem deseja ter acesso a um artigo faz um post no Twitter (atual X) com o título do artigo ou outra informação de referência, junto ao próprio endereço de e-mail e a hashtag *#icanhazpdf*. Caso alguém veja a publicação e tenha acesso ao artigo (por exemplo, por meio de uma universidade afiliada), essa pessoa pode baixar e compartilhar o material diretamente com o solicitante.[56] Essa brecha funciona porque, embora tais artigos não possam ser publicamente disponibilizados sem infringir direitos autorais, os acadêmicos em geral têm permissão para compartilhar artigos de forma direta e não comercial com outros indivíduos — da mesma forma que se pode pedir emprestado um livro a um amigo. Se o artigo não for disponibilizado para todos e você não estiver cobrando pelo envio, é bem provável que você esteja protegido contra processos.

Curiosamente, os autores dos artigos também usam essas brechas. Esses indivíduos disponibilizam seus artigos protegidos por direitos autorais como arquivos PDF em redes sociais, caso da plataforma *ResearchGate*, sem o logotipo ou layout da revista acadêmica. Isso é possível porque, embora o artigo do periódico tenha direitos autorais, o conhecimento e o conteúdo do artigo podem ser compartilhados de maneira gratuita na forma conhecida como "preprint". Isso não viola diretamente os direitos autorais do editor do periódico, e todos na comunidade acadêmica entendem o que significa: leia o arquivo gratuito, mas cite a versão publicada. As pessoas responsáveis pela publicação das revistas não gostam da estratégia porque ela acaba com o seu modelo de negócio, que depende de manter a pesquisa limitada aos acessos pagos e às assinaturas. Os acadêmicos, no entanto, buscam essa tangente por diferentes razões. A primeira é egoísta: ser publicado em um periódico impulsiona a reputação que eles precisam entre seus pares, enquanto ter o conteúdo disponível de forma gratuita os ajuda a difundir seus conhecimentos e garantir mais citações, alavancando, portanto, suas carreiras. Isso significa que, ao terem artigos publicados nas revistas e o conhecimento compartilhado abertamente, esses estudiosos aproveitam o melhor dos dois mundos.

Em segundo lugar, assim como Swartz, muitos deles acreditam na ciência aberta, em especial quando a pesquisa é financiada com o dinheiro dos contribuintes. Muitos pesquisadores se opõem de forma veemente ao modelo de negócio das editoras acadêmicas, que cobram pelo acesso aos artigos, mas não financiam a pesquisa, tampouco pagam aos autores e revisores por suas contribuições. Por meio das brechas, os acadêmicos podem desafiar essas editoras e reduzir seus lucros sem correr o risco de serem presos ou comprometerem suas carreiras. Além disso, podem utilizar tais brechas autonomamente por meio de redes abertas que não requerem o apoio das instituições às quais estão afiliados.

As brechas que possibilitam o compartilhamento de conhecimento diferem dos exemplos anteriores por algumas razões. Primeiro, elas representam um caso mais nebuloso. Quem usa tangentes como o *#icanhazpdf* não está totalmente isento, mas os limites do que é "permissível" são bem menos marcados e aplicar a lei torna-se inviável. Em segundo lugar, esse caso também ilustra como o impacto de uma brecha pode criar uma bola de neve para gerar mudanças: assim como acontece com o movimento pela ciência aberta, quando um grande grupo de agentes (os acadêmicos) usam em peso a mesma tangente, eles podem desafiar o poder dominante (as editoras) e estimular o surgimento de modelos alternativos.

COMO AS BRECHAS SALVARAM VIDAS DURANTE A PANDEMIA DE COVID-19

Assim como a dra. Gomperts e os nerds em empresas de tecnologia, muitas pessoas à margem do poder já encontraram brechas e fizeram uso delas para se contrapor abertamente a forças poderosas dentro de um governo. Mas poder é algo relativo, e as tangentes brecha também podem ser usadas por oficiais do próprio governo. De fato, uma das saídas pela tangente mais engenhosas que já vi veio do político Flávio Dino, atual ministro do Supremo Tribunal Federal, que havia sido reeleito governador do Maranhão no mesmo ano em que seu oponente Jair Bolsonaro foi eleito presidente do país.

Com quase metade de sua população vivendo com menos de 30 reais por dia,[57] o Maranhão enfrentou graves dificuldades no início da pandemia para fornecer assistência médica ao crescente número de pacientes atingidos pela Covid-19.[58] No início da pandemia, o custo estimado para combater o vírus no estado foi de aproximadamente 825 milhões de reais. O governo federal havia fornecido apenas cerca de 51 milhões, e o estado precisava de respiradores com urgência para lidar com a alta crescente de pacientes.

Os empresários locais ofereceram aproximadamente 15 milhões de reais ao governo do estado para comprar prontamente os aparelhos para os hospitais públicos. Mas, embora tivesse garantido o dinheiro, o governo do Maranhão não conseguiu obter o equipamento por não haver voo direto da China (país fabricante) para o Brasil. Na primeira tentativa, o governo do estado adquiriu um lote de respiradores chineses que viria em um voo com escala para reabastecimento nos Estados Unidos. O problema é que os americanos interceptaram a remessa e ofereceram à empresa mais dinheiro para ficar com o equipamento. A segunda tentativa foi pela Alemanha, onde a mesma coisa aconteceu. Na terceira vez, o governo do Maranhão tentou comprar os respiradores de uma empresa brasileira com sede em São Paulo, mas não conseguiu concluir o negócio porque o governo federal havia solicitado todo o estoque, a ser distribuído aos estados de acordo com seu plano centralizado.[59]

Ex-juiz federal, o então governador Dino tinha um bom entendimento do que as leis permitiam ou não. Junto à sua equipe e empresários locais — incluindo executivos de uma das maiores cadeias de supermercados e da maior empresa de mineração do Brasil —, Dino elaborou uma série de tangentes engenhosas que aproveitaram todo o tipo de brechas jurídicas. Em contraste com a dra. Gomperts, que utilizou muitas brechas em diferentes ocasiões, Dino precisou recorrer a uma sequência de brechas a fim de cumprir um único objetivo: comprar e instalar prontamente os respiradores durante a pandemia. O que o governador e os seus parceiros alcançaram é digno de nota porque mostra como brechas podem ser acumuladas, formando uma sequência específica, e como as tangentes trazidas por elas podem resultar da colaboração improvável de diferentes agentes em situações dramáticas, como para salvar vidas em uma pandemia global.

Brecha sobre brecha

Primeiro, em vez de doar dinheiro ao governo para comprar os respiradores por meio do processo típico de aquisição pública, os empresários doaram a maioria dos fundos diretamente para a cadeia de supermercados Grupo Mateus, que já contava com um sistema para importar mercadorias da China. A estratégia driblava os processos burocráticos de compras públicas, que poderiam levar até três meses. Funcionários do Grupo Mateus e da empresa de mineração Vale não apenas compraram o equipamento, como também aproveitaram suas redes de relacionamento na China para monitorar a fabricação de 107 respiradores e garantir que não fossem vendidos a outros clientes.

Então eles utilizaram a segunda brecha: em vez de contratar um serviço de carga para transportar o equipamento via Alemanha ou Estados Unidos, o grupo escoltou os aparelhos das instalações do fabricante até o aeroporto mais próximo, onde um avião de carga alugado pela Vale aguardava para trazê-los ao Brasil (tudo isso impediu que terceiros descobrissem qual carga estava sendo transportada). O problema é que o avião ainda precisava parar em algum lugar para reabastecer. A fim de evitar Dubai, Estados Unidos e Europa, o voo foi até a Etiópia, porque a carga seria menos examinada lá e o país possuía menos recursos para se dedicar ao confisco do equipamento.

Depois que a aeronave pousou em São Paulo, a equipe do governador Dino enfrentou mais um obstáculo crítico para sua tangente: o governo federal ainda poderia confiscar os respiradores durante a passagem pela alfândega. Assim, a carga deveria ser mantida em sigilo enquanto estivesse em São Paulo, até chegar à alfândega no estado do Maranhão.

Porém, mesmo no Maranhão, o governo federal era responsável pelos funcionários da Receita Federal, e eles ainda podiam confiscar a carga e enviar os respiradores de volta para São Paulo. Hora da terceira e última brecha da série: o plano era que o avião pousasse às 21 horas — fora do horário de trabalho dos funcionários da alfândega e da receita do aeroporto. Aproveitando essa última brecha, um secretário estadual assinou um documento garantindo que retornaria no dia seguinte para cumprir todas as exigências legais da alfândega (o que, de fato, foi feito), e uma comissão de funcionários do governo estadual levou o equipamento direto aos hospitais para intubar imediatamente os pacientes.[60]

Quando voltaram ao aeroporto no dia seguinte para passar pela alfândega, era sabido que os agentes federais não confiscariam respiradores que já estavam sendo usados para salvar vidas. Com essa série de tangentes, todos os 107 aparelhos foram transportados e instalados com sucesso para uso em hospitais locais.

Veredito: inocente

Quando conversei com um juiz federal sobre esse caso, ele explicou que a agência federal responsável pela alfândega e taxação de impostos no Brasil abriu um processo administrativo contra o estado do Maranhão e uma das empresas envolvidas na saída pela tangente, multando ambos por desobedecer às leis alfandegárias de comércio internacional ao levar os aparelhos do aeroporto sem primeiro fazer sua liberação. O estado recorreu e, alguns meses depois, um tribunal os considerou inocentes. O juiz entendeu que as partes não tinham intenção de fugir dos impostos nem contrabandear produtos proibidos para o país e que o estado de emergência superou o imperativo de seguir estritamente um processo burocrático para a liberação de produtos importados na alfândega.

De acordo com o juiz com quem falei, o governo federal ainda poderia apelar ou abrir outros processos contra Flávio Dino e os demais envolvidos na tangente, mas a chance de um veredito os culpando seria próxima de zero. Reunindo a capacidade institucional e a criatividade para encontrar e usar brechas, o governo do estado e as empresas colaboraram — cada entidade aproveitou seus pontos fortes, mas ambos os grupos foram necessários para alinhar aquela série de brechas que salvou milhares de vidas.

ENCARANDO A MORALIDADE DAS BRECHAS

Embora muitos de nós consideremos inofensivas as brechas usadas para compartilhar conhecimento acadêmico ou para comprar respiradores durante uma pandemia global, pessoas com diferentes interesses podem fazer uso da ambivalência moral em torno desse tipo de estratégia. Nesta seção, vamos nos aprofundar na questão moral acerca das brechas, e em como quase sempre é mais fácil usá-las do que impedir que outros façam o mesmo.

Fazendo seu próprio remédio

Vejamos uma parte mais extrema da comunidade que defende a ciência aberta. Existe um grupo controverso que pressiona contra os direitos de propriedade intelectual das empresas farmacêuticas e da autoridade dos departamentos públicos de saúde, como a Administração Federal de Alimentos e Medicamentos dos Estados Unidos (FDA, na sigla em inglês).

O dr. Michael Laufer, professor de matemática da Menlo College, na Califórnia, é o porta-voz do Four Thieves Vinegar, um coletivo autônomo e informal de pessoas que compartilham uma forte crença no modelo "faça você mesmo", e um desprezo pelos direitos de propriedade intelectual na área da saúde. Ele logo se tornou uma figura controversa na área conhecida como *biohacking*, ensinando pessoas com poucos recursos financeiros a fazer os próprios remédios. Seus esforços foram vistos como uma subversão ao capitalismo e aos direitos de propriedade intelectual, que, por natureza, restringem o acesso à medicina e à assistência médica em geral.

Tive uma conversa instigante com o dr. Laufer sobre o Four Thieves Vinegar, ou "Vinagre dos Quatro Ladrões", assim chamado por causa de uma história possivelmente apócrifa da época da peste bubônica na Idade Média. A anedota ilustra o objetivo do grupo: libertar o conhecimento sobre cuidados medicinais das pessoas ou empresas que se beneficiam com a propagação de doenças. Segundo a história, ladrões saquearam áreas infestadas de peste enquanto usavam máscaras contendo vinagre e ervas com propriedades antimicrobianas. Eles foram capturados, mas libertados após concordarem em revelar a fórmula que, quando tornada pública, salvou muitas vidas. É isso que o coletivo atual pretende metaforicamente fazer: partilhar o "vinagre" que está nas mãos daqueles que lucram com a doença dos outros.[61]

Laufer ganhou destaque em 2017, quando contornou os direitos de propriedade intelectual da Mylan, a empresa farmacêutica que detinha a patente da EpiPen, a caneta de epinefrina autoinjetável que salva indivíduos de reações alérgicas potencialmente fatais. A empresa aumentou o preço do pacote duplo da EpiPen de 100 dólares em 2007 para mais de 600 dólares em 2016, com o mero intuito de aumentar as margens de lucro.[62] A atitude provocou a revolta de gente como Laufer, que acredita no direito de acesso a medicamentos como algo moralmente acima de qualquer justificativa para lucros empresariais e, naturalmente, das muitas pessoas que já não podiam pagar pelo medicamento que lhes era vital.

Como resposta, Laufer gravou um vídeo e publicou um manual com o passo a passo de como fazer um "EpiPencil", uma referência óbvia à EpiPen, usando produtos que podiam ser comprados na Amazon por cerca de 30 dólares. A sua brecha jurídica é que, uma vez que está apenas compartilhando conhecimento, e não comercializando o EpiPencil, ele estaria isento da responsabilidade pela violação dos direitos de propriedade intelectual — a menos que a Mylan tentasse argumentar que o vídeo constitui uma espécie de violação contributiva. Laufer está ciente dos riscos, mas também sabe que as empresas farmacêuticas não estão particularmente interessadas em recorrer à via judicial nesses casos. Levá-lo a tribunal poderia fazer mais mal do que bem. Afinal, uma ação judicial acabaria involuntariamente promovendo a causa de Laufer, pois mais pessoas conheceriam a sua saída pela tangente e, em última análise, as razões que o motivaram a desafiar a empresa.

É assim que ele continua forçando os limites. Laufer acredita que o acesso a produtos medicinais pode em algum momento se tornar uma questão de saber como juntar as peças da maneira correta, como é o caso do EpiPencil. "Não deveria ser mais difícil do que montar os móveis da Ikea", ele me explicou. Na época em que conversamos, ele estava desenvolvendo o Apothecary MicroLab em código aberto: trata-se de um reator químico de uso geral construído com materiais baratos comprados on-line, que poderia ser usado para sintetizar medicamentos em casa. Seu plano era publicar gratuitamente instruções de como construir um microlaboratório, além de receitas para a fabricação de medicamentos. Ele estava interessado em produzir um lote de Sovaldi, um medicamento de propriedade da empresa de biotecnologia Gilead Sciences que cura a hepatite C. Em 2017, um tratamento de doze semanas do Sovaldi custava aproximadamente 84 mil dólares,[63] mas, segundo Laufer, sua receita para fazer o medicamento pode custar até cem vezes menos se o indivíduo adquirir os ingredientes de fornecedores confiáveis e tiver o trabalho de manipular a fórmula.

Durante um almoço com meu tio, médico com doutorado em cardiologia, eu lhe contei essa história, e sua resposta foi: "Bem, se você sintetizar o medicamento da maneira correta, ótimo, mas se você pisar na bola, pode morrer. Você correria o risco?" Mesmo quem não concorda com a filosofia de Laufer precisa lhe dar crédito pela engenhosidade. Sua lógica é que, embora a ciência possa ser reproduzida, criamos poderosas barreiras artificiais que nos impedem de replicar e se beneficiar dela. Ele afirma que as farmacêuticas e os governos costumam usar essas barreiras, como os direitos de propriedade intelectual e o "controle de qualidade", para legitimar o acúmulo de riqueza de alguns, enquanto negligenciam as necessidades de muitos.

Driblar essas barreiras é algo que Laufer considera natural e moralmente justificável, por achar que o controle de qualidade não deve ter prioridade sobre tornar acessíveis os tratamentos que salvam as vidas das pessoas que precisam deles. Está evidente que o Four Thieves Vinegar trabalha em detrimento das grandes empresas farmacêuticas e para o benefício daqueles que precisam de acesso a medicamentos mais baratos.

Considerar essa brecha "boa" ou "ruim" vai depender do que (e a quem) você prioriza. Você está priorizando a segurança ou o acesso? Considera injusto o uso de patentes porque impede as pessoas de receber medicamentos que poderiam ser disponibilizados de forma mais ampla e barata? Ou você acha que as patentes garantem que os inventores sejam recompensados por suas descobertas — e que, se a sociedade não recompensar esses pesquisadores adequadamente, eles serão desestimulados a inventar novos medicamentos, afetando de maneira negativa o progresso socioeconômico?

Uma das belezas dessas tangentes polêmicas é nos levar a pensar sobre nossos valores e a perceber em que medida eles divergem do *status quo*. Esses exemplos nos permitem refletir sobre as regras formais e as normas dos costumes que nos são impostas, e nos inspiram a pressionar por mudanças.

Uma brecha para o lixo

A seguir, vejamos um caso (ao qual me oponho fortemente) de descarte de lixo eletrônico e exploremos um pouco mais a questão ética das tangentes que utilizam brechas. Em seguida, proponho uma reflexão sobre como as brechas são resilientes e podem ser usadas durante anos e por muitas pessoas.

A Convenção de Basileia é um tratado internacional assinado em 1989 para impedir o movimento de resíduos perigosos para além das fronteiras de países ricos rumo aos países pobres.[64] No entanto, mais de três décadas depois, países como a Malásia ainda precisam enviar contêineres de resíduos de volta aos países ricos que mandaram seu lixo para lá, porque alguns países de baixa e média renda seguem sendo tratados como os lixões do planeta.[65]

Os descartes de resíduos eletroeletrônicos são particularmente problemáticos. Esse tipo de lixo contém diversos produtos químicos prejudiciais às pessoas e ao meio ambiente. Quando descartado de forma inadequada, pode causar grave contaminação do solo, das fontes de água, do ar e de cadeias alimentares inteiras. Em uma tentativa de escapar dos custos relativos à crescente quantidade de lixo eletrônico em seus países de origem, as empresas de países ricos buscam sistematicamente driblar a Convenção de Basileia pelo uso de uma brecha, e seguem despejando seu lixo eletrônico nos aterros sanitários de países como Gana, sob a justificativa de que, na verdade, estão "exportando produtos de segunda mão".[66]

As empresas fazem isso porque é muito mais caro descartar da forma adequada um monitor de computador velho na Alemanha ou nos Estados Unidos do que exportá-lo para outro lugar. Em 2016, a população mundial descartou 44,7 milhões de toneladas de lixo eletrônico, dos quais cerca de 150 mil toneladas foram importadas apenas por Gana.[67] A maioria desses chamados "produtos de segunda mão" acaba em Agbogbloshie, uma grande área urbana que abriga um enorme depósito de reciclagem de lixo eletrônico.

Ao examinarem o solo em Agbogbloshie, pesquisadores do Greenpeace encontraram níveis de contaminação cem vezes superiores aos recomendados pelas normas de segurança. A exposição prolongada a esses produtos químicos é prejudicial a quase todos os órgãos e ossos do corpo humano, à fertilidade e até aos níveis de QI. Residem na área cerca de 80 mil pessoas que estão presas num ciclo vicioso de pobreza, forçadas a esquentar placas de circuito e queimar tampos de computadores para extrair vestígios de ouro, cobre e ferro para revenda. Elas respiram a fumaça tóxica e mal conseguem se sustentar.[68] Devido às duras condições de vida, a área foi apelidada de "Sodoma e Gomorra", em referência às duas cidades bíblicas condenadas.[69]

No caso do descarte de lixo eletrônico, o uso de brechas é polêmico, ainda mais porque expõe desigualdades globais gritantes e o desequilíbrio nas relações de poder. Definir o impacto do uso de uma brecha como positivo ou negativo depende de sua visão moral sobre a circunstância específica. Considero que o despejo de lixo eletrônico em Gana é algo moralmente represensível, e que a realização de abortos seguros é benéfica às pessoas, mas reconheço que existem muitas opiniões diferentes sobre ambos os temas. Entretanto, sejam quais forem nossas posições e as controvérsias, usar brechas é uma forma legalmente válida de atingir objetivos. Você não precisa ser categoricamente a favor ou contra: é possível pensar nelas apenas como um meio para alcançar o resultado desejado.

Os exemplos deste capítulo também demonstram a resiliência do uso das brechas. Faz mais de trinta anos que a Convenção de Basileia foi assinada, e a brecha para despejar o lixo eletrônico no exterior ainda está aberta. Muitos tentaram fechá-la, mas não é uma tarefa fácil. Mudar as regras envolve muita negociação entre uma ampla gama de agentes, com diferentes prioridades e interesses. O tamanho da brecha pode mudar, mas muito lixo eletrônico passará por ela até que seja fechada.

QUANDO DEVEMOS USAR UMA BRECHA COMO SAÍDA PELA TANGENTE?

As situações descritas neste capítulo nos lembram que muitas vezes estamos limitados ou mesmo presos por regras predefinidas. Porém, muitas vezes há mais de uma maneira de estar certo, e só seguir ou quebrar regulamentos nem sempre é a melhor forma de agir. Quase sempre há uma opção intermediária. Isso é especialmente interessante quando não temos o poder ou os recursos para mudar as coisas, ou não temos tempo para esperar que elas mudem uma vez que a necessidade é urgente demais.

Encontrar brechas é desafiador porque as regras consolidadas nos parecem *as corretas*, e não *uma das opções* possíveis. Isso acontece porque as regras direcionam nossos pensamentos, ajudando a processar com agilidade um volume avassalador de informações, ao mesmo tempo que limitam a nossa capacidade de pensar lateralmente e enxergar nuances. Contudo, graças às lições ensinadas pelo atrevimento de certas organizações, podemos identificar padrões na forma como as brechas podem ser encontradas e seguidas.

Neste capítulo, organizações sem fins lucrativos, empresas, coletivos, advogados, acadêmicos, nerds de tecnologia e até funcionários do governo encontraram maneiras inteligentes de driblar todos os tipos de regras que implicavam em restrições a eles ou às pessoas com quem se importavam. Seja qual for o tipo de personagens, obstáculos e objetivos nessas histórias, essas pessoas encontraram uma tangente de duas maneiras.

Primeiro, muitos dos casos ilustrados neste capítulo valeram-se de um conjunto de regras diferente e mais favorável do que o *status quo*. Foi assim que, por exemplo, casais se divorciaram e casaram de novo em um país estrangeiro, um homem foi retirado de condições degradantes na prisão quando o seu advogado recorreu à legislação dos direitos dos animais, serviços de aborto foram prestados de forma legal e segura a bordo de um navio holandês em águas internacionais, e empresas tecnológicas encontraram formas eficientes de informar seus usuários sobre a vigilância governamental, baseando-se nas leis de liberdade de expressão dos Estados Unidos. Quando se afastaram da situação para observar o que os restringia, concentrando-se nos tipos de regras menos comuns ou nos caminhos menos utilizados, esses agentes encontraram brechas que lhes permitiram conseguir o que queriam de uma forma tecnicamente correta, mas não convencional.

A segunda abordagem observa mais de perto o "desempenho específico" das regras consideradas restritivas, com a intenção de anular ou tornar sua aplicação impossível. Por exemplo, foi assim que minha amiga Joana nunca pagou sua dívida do cartão de crédito; que Portia anulou o contrato entre Shylock e Antonio em *O mercador de Veneza*; que o lixo eletrônico rotulado como produto "de segunda mão" passou a inundar Gana; que um governador brasileiro comprou respiradores durante uma crise de saúde; que um biohacker compartilhou na internet receitas de produtos de saúde patenteados e que acadêmicos e usuários começaram a compartilhar trabalhos científicos sem violar os direitos de propriedade intelectual. Essa tarefa envolve a análise da ambiguidade das regras e das circunstâncias sob as quais elas podem — ou não — ser aplicadas.

3
A rotatória

"Voltei para a Índia porque sentia falta da liberdade de fazer xixi na rua",[1] disse o chefe criativo de um popular canal de televisão em Mumbai, justificando deixar para trás sua vida confortável e seu alto salário no Canadá para retornar ao seu país de origem. Esse expatriado romantizou o ato de urinar em público como uma experiência libertadora, mas os proprietários das paredes que são alvo de xixi discordam disso. As autoridades do país condenam o hábito nem um pouco higiênico, mas há muito tempo as pessoas na Índia lutam para fazer cumprir a lei.

Por que os homens são tão inclinados à prática de urinar em paredes públicas? Alguns justificaram que a causa é a falta de banheiros públicos e privados do país, com a esperança de que as coisas mudassem com a melhoria da infraestrutura de saneamento. Quase metade das famílias indianas não tinha acesso a um banheiro até 2014, quando o primeiro-ministro Narendra Modi lançou o programa Clean India com o objetivo de eliminar problemas como fezes humanas na via pública e o manejo desses resíduos. Mas, apesar dos 110 milhões de banheiros construídos entre 2014 e 2020, o problema da urina nas ruas continua.[2] Esse resultado não é uma surpresa para muitos dos formuladores de políticas, que acreditavam que esse problema comportamental é uma questão de gênero, e não que seria um reflexo exclusivo da falta de instalações sanitárias adequadas. Afinal, as mulheres parecem conseguir encontrar banheiros ou outros lugares adequados para se aliviar.

Pessoas indianas de todas as classes e origens descrevem esse comportamento como "inevitável". Quando fui para a Índia e perguntei aos cidadãos por que, para os homens, urinar em muros públicos é uma prática tão comum, as pessoas desviavam do assunto com respostas do tipo "A Índia é assim. É assim que as coisas funcionam aqui." Quanto mais homens urinam em espaços públicos, mais o comportamento se normaliza.

Autoridades, grupos de ativistas e indivíduos incomodados com a prática tentaram uma série de soluções. Muitos estados da Índia criaram multas para quem urina em público, que dificilmente são aplicadas. Os policiais não veem sentido em multar as pessoas por uma prática que consideram inevitável.

Frustrados com a não aplicação da lei, ativistas buscaram resolver o problema por conta própria. Um grupo chamado Clean Indian postou um vídeo no YouTube em que ativistas mascarados circulam por uma cidade em um caminhão amarelo, atacando com canhões de água as pessoas que urinavam em público.[3] O vídeo viralizou, mas teve pouco ou nenhum impacto sobre quem de fato urinava em público: em um país com mais de um bilhão de habitantes, a maioria dos culpados sequer tinha conhecimento da ação. Os proprietários dos muros também tentaram estratégias para envergonhar quem se aproximasse nessa intenção, pintando suas paredes com mensagens como "Quem faz xixi aqui é um desgraçado". A medida também fracassou. Na verdade, alguns homens se sentiam até encorajados, fosse pelo desafio ou só para não perder a piada.

Mas uma tática específica empregada pelos donos dos imóveis pareceu funcionar bem. Por todo o país, encontrei quadrados de azulejo presos nas paredes, mostrando deuses hindus, geralmente na altura dos joelhos. Algumas paredes combinavam azulejos com motivos hindus com outros de iconografia muçulmana, cristã e sikh, numa integração harmoniosa das religiões dominantes do país. Ao notar o costume, a princípio pensei que fossem simplesmente manifestações de devoção religiosa, até que soube por um pesquisador que os olhos atentos dos deuses pareciam constranger quem tinha a intenção de urinar. Afinal, urinar na frente ou, pior ainda, *em cima* da imagem de um deus é uma blasfêmia. Era visível a diferença entre os muros que tinham azulejos religiosos e os que não tinham. Alguns proprietários me disseram que os incidentes diminuíram 90% depois da instalação daquela iconografia hindu. O que aconteceu, então? Urinar em público parece ser um hábito social profundamente arraigado na sociedade indiana, e fornecer banheiros ou cobrar multas não serviu para mudar as opiniões, percepções ou comportamentos das pessoas. Mas, se você não consegue mudar facilmente a opinião das pessoas, por que não explorar suas crenças para incentivá-las a agir de maneira diferente?

Essa tangente pode estar longe do ideal, especialmente porque não soluciona completamente o problema: os homens ainda atravessam a rua e urinam em alguma parede em que os olhos de um deus não estão sobre eles. Mas, às vezes, tudo o que você quer é simplesmente proteger o seu muro de um comportamento que você não pode mudar. Não surpreende que o uso dessa saída pela tangente tenha se disseminado e que as paredes adornadas sejam encontradas em toda a Índia.

As pessoas aplicaram a estratégia de forma criativa por todo o país. Por exemplo, empresas de serviços de refeições começaram a colocar imagens de divindades na cozinha como um "lembrete divino" para seus funcionários lavarem as mãos antes de cozinhar. Até campanhas públicas se beneficiaram com a ideia. Em 2016, uma produtora com sede na Índia lançou um anúncio no YouTube chamado #DontLetHerGo. O vídeo lembra aos cerca de 80% da população do país que pratica o hinduísmo[4] que Lakshmi, a deusa da riqueza e da prosperidade, só habita onde há limpeza.

O vídeo dizia: "Na próxima vez, antes de pensar em espalhar lixo, lembre-se de que a deusa pode se afastar de você."[5]

Apelar para as crenças das pessoas pode desencadear mudanças de comportamento e, neste capítulo, você verá outras maneiras criativas de restringir até aqueles que parecem inevitáveis usando um tipo de tangente que batizei de "rotatória".

O QUE É UMA TANGENTE ROTATÓRIA?

As tangentes do tipo rotatória atrapalham e redirecionam os chamados loops de feedback positivo, que levam a comportamentos que se autorreforçam. Vejamos um pouco mais de perto como esses circuitos funcionam pela perspectiva do pensamento sistêmico.[6]

Loops de feedback ocorrem quando as saídas de um sistema são redirecionadas como entradas desse mesmo sistema. Esses loops podem ser positivos e negativos, e esses termos não indicam se o impacto é benéfico ou prejudicial. Um loop de feedback negativo é como um termostato doméstico: se a temperatura cair abaixo do ponto indicado, o termostato aciona o aquecimento e, quando ultrapassa o ponto mais alto, desliga-o, mantendo assim uma temperatura estável através de um processo de autorregulação.

Já um loop de feedback positivo, por outro lado, leva ao autorreforço. Ele funciona em uma série de eventos que se complementam e se fortalecem, para melhor ou para pior. Como indica o exemplo do ato de urinar em público na Índia, quanto mais os homens urinam em espaços públicos, mais a prática continua a ser normalizada. Se for socialmente aceitável, mais homens vão urinar em espaços públicos ou desconsiderar as medidas que punem esse comportamento. Por outro lado, quando menos homens urinarem em espaços públicos, é provável que, aos poucos, a prática vá sendo vista com desaprovação e cada vez menos homens usem as ruas como mictórios.

Os comportamentos de autorreforço podem ocorrer tanto em nível comunitário quanto individual. Quando eu era criança, experimentava o impacto desse princípio toda vez que brigava com meu irmão. Se ele me batesse, eu o puxaria, então ele me daria um soco, e a briga sempre escalonava tão rápido que, instantes depois, estaríamos rolando pelo chão, tentando sufocar um ao outro. A natureza do autorreforço na escalada de um conflito é semelhante à de um deslizamento de terra: a queda de uma rocha pode derrubar outras, o que por sua vez desloca muitas outras rochas, e toda a colina pode acabar colapsando, afetando comunidades inteiras.

Uma vez colocados em ação, ciclos de autorreforço são difíceis de interromper, mas essa interrupção é precisamente o que as tangentes oferecem, e é sobre isso que falarei neste capítulo. Chamo-as de "tangentes rotatória" porque, assim como no trânsito, elas podem interromper e redirecionar um fluxo. Quando podemos seguir em apenas uma direção, uma tangente rotatória nos permite desacelerar e tomar uma direção diferente.

Assim como os azulejos iconográficos na Índia, a rotatória pode até não se configurar como uma solução permanente no início, mas ela nos ajuda a ganhar tempo para que os problemas mais difíceis sejam resolvidos, adiar a avaliação do cenário e com isso aumentar as chances de sucesso, ou resistir à uma pressão contínua. Em casos raros, tangentes rotatória também podem mudar drasticamente o *status quo*, transformando um ciclo vicioso em um ciclo virtuoso. Nas páginas seguintes, falarei sobre a definição desse tipo de tangente, por que elas são importantes e como se desenvolvem de modo a desafiar cenários que parecem inevitáveis.

Nosso primeiro exemplo é um recente conhecido de todos nós: o distanciamento social. Essa tangente salvou muitas vidas em duas das piores pandemias da história.

O DISTANCIAMENTO SOCIAL COMO PALIATIVO

I had a little bird,
It's name was Enza.
I opened the window,
And in-flu-enza.*

Essa cantiga, muito cantada por crianças norte-americanas entre 1918 e 1919, refletia um "novo normal", uma situação na qual uma ameaça, também conhecida como a Grande Gripe, estava por toda parte quando elas se aventuravam no mundo fora de suas casas.[7]

A gripe espanhola foi uma calamidade global com um número estimado de mortes entre cinquenta e cem milhões. A propagação devastadora da doença ofuscou até mesmo as celebrações que marcaram o fim da Primeira Guerra Mundial — no fim das contas, o número de mortes por gripe excederia em muito as da guerra.[8]

Propagado pelo ar, o vírus varreu os Estados Unidos e transformou a forma de interação social do país. A cidade da Filadélfia, principal centro de fabricação para navios e aço no país, foi uma das áreas mais atingidas. Em outubro de 1918, os valores dos caixões dispararam. Nos primeiros seis meses da pandemia, o número de mortes por influenza naquela que é a maior cidade do estado da Pensilvânia foi mais do que o dobro do que o de St. Louis (748 a cada 100 mil pessoas, contra 358 a cada 100 mil pessoas, respectivamente).[9]

---

* Em tradução livre: *Eu tinha um passarinho, / Seu nome era Enza. / Eu abri a janela, / E influenza entrou.* O jogo de palavras do inglês "in-flu-enza" se perde na tradução, pois "flu" pode ser tanto uma forma oralizada do passado do verbo "fly", voou, quanto uma referência mais literal à gripe. (N. de E.)

Mas por que a Filadélfia foi atingida com muito mais força do que outras cidades? No embate contra um vírus mortal, o timing era fundamental: como a cidade não conseguiu oferecer um tratamento precoce, medidas agressivas para limitar a interação social poderiam ter sido vitais para reduzir o número de mortes. Quando a Filadélfia detectou seu primeiro caso de gripe, em 17 de setembro de 1918, as autoridades municipais pensaram que uma campanha de conscientização sobre tosse e espirros em público bastaria; ninguém queria atrapalhar o cotidiano da cidade. E apesar da pandemia estar batendo à porta, a cidade sediou um desfile patriótico com bandas, escoteiros, estudantes vestidas de branco, e multidões de espectadores entusiasmados no dia 27 de setembro. Estima-se que 200 mil pessoas tenham comparecido nessa ocasião perfeita para o contágio generalizado. Quando, dois dias após o desfile, as autoridades reconheceram a pandemia, era tarde demais.[10]

St. Louis, por outro lado, deu uma resposta rápida para contornar a falta de tratamento adequado: a cidade impôs medidas de distanciamento social. Dois dias após a confirmação do primeiro caso, a administração proibiu reuniões públicas e colocou em quarentena todas as pessoas infectadas. Embora não tivessem conhecimento do que exatamente estava acontecendo nem de como tratar aquele novo vírus, os governantes sabiam que ele era altamente contagioso, com alto índice de letalidade e que colocaria uma pressão insustentável na infraestrutura de saúde. O distanciamento social surgiu, então, como um paliativo para atrapalhar a velocidade de transmissão do vírus. Alguns anos depois, com o vírus já alterado para uma versão menos mortal, o número de mortes em St. Louis foi muito menor do que na Filadélfia.

Aproximadamente cem anos foram necessários para que o mundo vivesse outra epidemia global. A pandemia de Covid-19 pode ter pego pessoas de surpresa, mas os cientistas já alertavam sobre a próxima grande ocorrência pandêmica desde o final da gripe espanhola. Em 2018, a professora Julia Gog, matemática da Universidade de Cambridge, alertou: "Não é uma questão de 'se', é uma questão de 'quando'. Esse tipo de evento aconteceu muitas vezes no passado e provavelmente acontecerá de novo... se não pudermos parar a epidemia, a alternativa é pelo menos alocar nossos recursos da melhor forma de modo a tentar reduzir o número de casos em cada local."[11]

Os governantes estavam cientes de que uma nova pandemia representaria graves ameaças.[12] Os Estados Unidos, por exemplo, elaboraram um plano, encomendado pelo Presidente George W. Bush, com estratégias para lidar com o bioterrorismo (ataques terroristas que utilizam intencionalmente agentes biológicos), e esse plano se tornaria a base para um manual nacional de resposta a uma pandemia da magnitude da Covid-19. Da mesma forma, em 2017, o Registro Nacional de Riscos do Reino Unido — um plano de resposta do governo para todos os riscos nacionais para a sociedade civil — listou um ataque terrorista e uma pandemia de gripe como os dois perigos potenciais mais catastróficos.[13] No mundo todo, governos e cientistas sabiam que a transmissão viral, natural ou criada nos laboratórios dos inimigos de um país, poderia se transformar em uma espécie de ciclo vicioso. Nas palavras de George W. Bush: "Uma pandemia é muito parecida com um incêndio florestal. Se detectado a tempo, pode ser extinto com danos limitados. Se passar despercebido, pode se espalhar rapidamente e se transformar em um inferno muito além da nossa capacidade de controle."[14] O governo de Barack Obama manteve e aprimorou essa força-tarefa, valendo-se da mesma imagem. "A maneira de parar o incêndio florestal é isolar as brasas", explicou Beth Cameron, que atuou como diretora sênior da Diretoria de Segurança Sanitária Global e Biodefesa do Conselho de Segurança Nacional.[15]

Em 2006, a comissão que redigiu o manual estudou modelos de contágio e elaborou um plano que foi alvo de grandes críticas: se o país fosse atingido por uma pandemia mortal, o governo teria de dizer aos norte-americanos para ficarem em casa. Muito do conhecimento a respeito desses protocolos veio do dr. Robert Glass, um cientista que trabalhou no Laboratório Nacional Sandia. Glass era especialista em análise de sistemas complexos e precaução de catástrofes. Sua filha de 14 anos fizera um trabalho escolar sobre a formação das redes sociais na escola e, inspirado por isso, Glass analisou como esses ambientes seriam perigosos veículos de contágio e como as cadeias de transmissão poderiam ser quebradas.[16] Glass e seus colegas fizeram simulações em supercomputadores que revelaram que, ao fechar as escolas numa hipotética cidade de dez mil habitantes, apenas quinhentas pessoas adoeceriam. Mas, se as escolas permanecessem abertas, metade da população seria rapidamente infectada. O estudo concluiu que o distanciamento social "produziria defesas locais contra uma variante altamente virulenta na ausência de vacinas e medicamentos antivirais".[17]

Como vimos anteriormente, o distanciamento social não é uma tangente nova contra contágios em grande escala. Essa abordagem já salvara vidas durante a pandemia de gripe espanhola, quando o fechamento de escolas, igrejas e teatros e a proibição de reuniões públicas reduziram as taxas de mortalidade. Contudo, após décadas de avanços no setor farmacêutico, as pessoas de um modo geral começaram a esperar o impossível das fabricantes de medicamentos. Presumia-se que deveria haver uma solução imediata para qualquer tipo de doença que pudesse surgir. Infelizmente, esse não foi o caso da Covid-19.

Após a primeira notificação da doença, em 2019, os casos se espalharam rapidamente por todo o mundo, levando a OMS a declarar uma emergência de saúde pública de escala internacional no dia 30 de janeiro de 2020, e uma pandemia cerca de quarenta dias depois. Nesse começo, muitos políticos populistas suscitaram controvérsia, alegando, com pouca ou nenhuma evidência científica, que os medicamentos certos para tratar a Covid-19 (como a hidroxicloroquina, um medicamento aprovado pela FDA para tratar ou prevenir malária) já existiam. Apesar das evidências históricas e epidemiológicas de sua eficácia, o distanciamento social parecia uma solução distópica para muitos políticos, incluindo os dos Estados Unidos, um país que cerca de quinze anos antes parecera ter compreendido a importância do distanciamento social graças ao trabalho de cientistas como Glass e de políticos e funcionários públicos que desenvolveram protocolos de resposta a pandemias com embasamento científico.

A comunidade científica logo reforçou que, durante uma pandemia, simplesmente era impossível seguir em frente com as nossas rotinas diárias, e a mídia amplificou essas narrativas baseadas em evidências. Em grande parte, os cientistas reconheceram que precisávamos mais do que nunca do distanciamento social: desde a gripe espanhola, a população mundial cresceu de 1,8 bilhão[18] para 7,8 bilhões de pessoas[19], e vivemos agora num contexto muito mais globalizado e hiperconectado, o que se traduz em um maior potencial para taxas de transmissão e mortes.

Quando a Covid-19 atingiu duramente a região italiana da Lombardia em março de 2020, o cenário parecia muito semelhante ao da Filadélfia menos de um século antes. O distanciamento social foi introduzido de forma gradual e desigual. Em algumas áreas, as restrições só limitaram reuniões sociais e algumas atividades econômicas. Em outras, foi imposta a quarentena total, e as pessoas só eram autorizadas a sair para comprar produtos essenciais ou procurar atendimento médico. Como resultado, o número de mortos variou muito entre as cidades da região.

Ficarmos trancados em nossas casas pode ter parecido um retrocesso e um desastre para a economia. No entanto, como o vírus se espalha a uma taxa exponencial, precisávamos de uma medida paliativa temporária para interromper e retardar a taxa de transmissão: precisávamos ganhar tempo. O uso dessa tangente do tipo rotatória não resolveu o problema, mas nos permitiu reduzir a taxa de mortalidade e a pressão sobre os sistemas de saúde locais. Durante esse tempo, a ciência farmacêutica e a medicina poderiam aprender mais sobre o vírus, identificar tratamentos antivirais eficazes e desenvolver uma vacina que pusesse um fim à pandemia.

A TANGENTE ROTATÓRIA SECRETA

Às vezes temos que ficar isolados para evitar os piores efeitos de uma pandemia; em outras, precisamos trabalhar nos bastidores, ganhando tempo e espaço para desenvolver plenamente uma ideia transformadora.

Na maioria das empresas, os funcionários precisam de permissão para desenvolver novas ideias ou projetos. Quando alguma ideia está em seus estágios iniciais, é particularmente difícil convencer os supervisores e gerentes — em geral preocupados com o desperdício de recursos da empresa — de seu potencial. Há uma tensão inerente entre autonomia e responsabilidade na geração de inovação, sobretudo em grandes organizações, sempre diante do desafio de encontrar um equilíbrio entre dar a flexibilidade necessária para a criatividade dos funcionários e definir limites para que os esforços dos funcionários estejam alinhados às prioridades da empresa.

É complexo o equilíbrio entre autonomia e responsabilidade, pois tanto o controle quanto a liberdade podem se autorreforçar e entrar em uma espiral de descontrole. Quanto mais as pessoas têm espaço para exprimir suas ideias, mais elas sentem que podem contribuir e tendem a continuar nesse caminho. Mas o oposto também é verdadeiro: quanto mais as ideias são ignoradas, ou quanto mais os gestores impõem regras que restringem a criatividade de seus funcionários, menos eles se sentem confortáveis para propor ou se envolver em projetos inovadores.

O que acontece quando um funcionário com uma ideia teme não ser autorizado a explorá-la por seus supervisores? Bem, alguns optam por contornar as regras da empresa, ou ordens recebidas diretamente, para levá-la a cabo. Os estudiosos da gestão da inovação chamam isso de *bootlegging*, uma referência à prática contrabandista de esconder álcool nas botas durante a Lei Seca nos Estados Unidos.[20] O *bootlegging* inclui qualquer tipo de investimento em novas ideias que não tenha apoio organizacional formal e que esteja fora da vista da alta gerência.

Com recursos escassos, as empresas muitas vezes priorizam projetos que sejam menos dispendiosos ou que se alinhem mais obviamente com sua visão e atuação principal. Os funcionários que buscam contornar as regras corporativas criam um espaço clandestino para trabalhar em projetos não autorizados. Em casos extremos, esses indivíduos desrespeitam ordens diretas, mas, na maioria das vezes, simplesmente continuam executando seu projeto até que esteja suficientemente desenvolvido e seja possível revelá-lo. Observe que esses funcionários podem, de fato, estar desobedecendo as regras, mas não estão fazendo nada ilegal: os *bootleggers* seguem com seu plano porque suas opiniões sobre o que pode ou não beneficiar a empresa são diferentes das dos seus gestores. Se tiverem sucesso, a empresa será beneficiada — de fato, algumas das inovações mais transformadoras do nosso tempo surgiram exatamente dessa forma.

Desobediência em ação

A prática do *bootlegging* foi uma das possíveis responsáveis pela síntese de uma variante mais tolerável e analgésica do ácido salicílico: a aspirina. Reza a lenda que Felix Hoffmann, um jovem químico da Bayer, percebeu que o uso do salicilato de sódio, ingrediente ativo amargo usado para tratar o reumatismo, fazia seu pai vomitar. Intrigado e ávido por desenvolver uma alternativa melhor, Hoffmann se transformou em um *bootlegger*.[21] Cerca de cem anos depois, Klaus Grohl, cientista da mesma empresa, trabalharia escondido para criar a fórmula estrutural da ciprofloxacina, um antibiótico de amplo espectro que chamou a atenção internacional como o primeiro medicamento aprovado pela FDA para o tratamento do antraz, uma arma biológica.[22, 23]

O *bootlegging* também é prolífico na indústria de equipamentos eletrônicos e impactou profundamente o desenvolvimento de alguns de nossos aparelhos e equipamentos mais comuns. Na década de 1960, Chuck House, engenheiro da Hewlett-Packard, projetou um monitor de tela grande, apesar dos pedidos diretos do cofundador e CEO da empresa, David Packard, para abortar o projeto. O dispositivo acabou integrado a mais da metade dos produtos da empresa. Packard mais tarde concederia ao *bootlegger* a Medalha da Desobediência "em reconhecimento pela extraordinária capacidade de desafiar o ofício regular da engenharia".[24] Outras inovações com origem no *bootlegging* incluem a tecnologia dos displays de cristal líquido da Merck; a tecnologia de iluminação LED azul da Nichia; o primeiro notebook da Toshiba e a primeira impressora a laser da Xerox.[25]

Por serem clandestinas, tangentes rotatória secretas não são fáceis de encontrar e documentar. Mas temos uma boa ideia de por que e como elas acontecem: os *bootleggers* mantêm seus projetos em segredo até que seu valor seja óbvio. Isto é particularmente importante porque projetos inovadores ensejam grandes promessas e possibilidades, mas, num primeiro momento, seu desempenho e funções costumam ser rudimentares. Alguns dos nossos produtos mais queridos, como a aspirina, não existiriam ou teriam demorado muito mais para serem desenvolvidos se uma abordagem do tipo rotatória não tivesse surgido. Foram elas que proporcionaram a funcionários criativos e desafiadores o espaço e a flexibilidade necessários para realizar projetos autônomos que foram, ou provavelmente teriam sido vetados por seus superiores.

Cultura proibitiva

Estudos de gestão da inovação mostraram que em empresas onde o *bootlegging* é mais comum, os funcionários são menos propensos a desaprovar a conduta não ortodoxa de colegas e mais propensos a se envolverem em esforços clandestinos de inovação em grupo, criando um ambiente propício ao desenvolvimento de novas ideias e a revelá-las no momento certo.[26] O oposto, contudo, também é verdadeiro: se os gestores forem muito rígidos em relação ao *bootlegging*, cria-se uma cultura que se autorreforça e desencoraja os esforços criativos.

Os *bootleggers* criam uma disrupção nesses comportamentos de autorreforço e inspiram mudanças na cultura empresarial. Quando as empresas reconhecem o valor dos projetos criativos desses agentes, algumas começam a fazer vista grossa e a permitir que esses projetos floresçam, evitando conflitos com os setores financeiro e administrativo. Outras empresas que se beneficiaram da prática, como a 3M e a Hewlett-Packard, deram um passo a mais. Ao mudar sua cultura de forma drástica, elas passaram a permitir formalmente que os funcionários dedicassem de 10 a 15% do seu tempo à busca de projetos de inovação de interesse próprio, para que não tivessem que contornar as regras da gestão ao desenvolver suas ideias.[27]

Esses casos ensinam que as empresas podem, sim, capitalizar as tangentes rotatória bem-sucedidas para promover uma cultura corporativa mais flexível. Com mais autonomia e flexibilidade, as pessoas não precisam mais ter que driblar seus superiores. Trabalhando abertamente, é possível encontrar oportunidades que seriam inacessíveis a quem trabalha de forma sigilosa, além de expor ideias, obter feedback e interagir com outras pessoas para cocriar.

O PODER DA TANGENTE ROTATÓRIA

Embora tenham diferentes aplicações, tangentes rotatória sempre podem alterar a dinâmica de poder. Notei essa característica pela primeira vez ao conhecer empreendedores sociais como Elango Rangaswamy, líder da vila de Kuthambakkam, na Índia, que procurou uma tangente inteligente para contornar a discriminação de castas.

A mudança no sistema de castas

O sistema de castas divide toda a população da Índia em grupos hierárquicos, e durante mais de três mil anos foi ele que ditou quase todos os aspectos da vida social daquele país. Há quatro grupos principais (brâmanes, xátrias, vaixás e sudras), que são divididos em cerca de 3 mil castas e 25 mil subcastas. Os dalits, também conhecidos como intocáveis, são um grupo fadado a uma vida de exclusão, e espera-se que desempenhem os trabalhos menos desejados da sociedade, como limpar latrinas ou criar porcos.[28]

Intrigado com a natureza de autorreforço inerente ao casteísmo, perguntei a indianos de várias castas sobre as melhores abordagens para combater o sistema, mas de modo geral ouvi respostas de grande ceticismo. Todos enfatizaram que os principais esforços contra os sistemas de castas se baseiam na aplicação da lei e disseram que, por meio de punições rigorosas, as coisas poderiam, sim, mudar gradualmente, mas que uma mudança institucional é improvável no curto prazo. Alguns acadêmicos pensam que a educação também pode alterar o comportamento das pessoas, mas o desmantelamento do sistema de castas levaria séculos até transformar radicalmente o país. Um especialista mais revolucionário me disse que "nada funcionaria, exceto pela destruição do hinduísmo, porque, eliminando as castas dele, não sobraria nada". Apesar da diferença de opiniões a respeito de como lidar com o tema, todos na Índia concordam que, por estar tão enraizado no tecido social, o sistema de castas tornou-se algo normalizado e uma prática que se retroalimenta.

Embora o casteísmo pareça inevitável, Rangaswamy, que cresceu como dalit em Kuthambakkam e viveu os conflitos de castas e a discriminação em primeira mão, se valeu de uma tangente inteligente em sua vila. Sua abordagem rotatória não resolveu o problema, mas interrompeu algumas práticas discriminatórias que ele enfrentava com muita frequência.

A história começa quando Rangaswamy, engenheiro, foi eleito o primeiro Panchayat Raj de sua vila — o Panchayat Raj é um líder local a quem é permitida uma governança participativa, partindo de baixo para cima, nas vilas indianas. A vila de Rangaswamy tinha recursos para construir moradias populares, um fomento fornecido principalmente pelo governo federal. Rangaswamy então avaliou onde construir as casas e identificou um terreno disponível numa área habitada por dalits, segregada das castas. Quando anunciou que a construção das moradias seria em terreno de população dalit, os não dalits, muitos dos quais também eram muito pobres e viviam em casas de aluguel precárias, expressaram sua preocupação a Rangaswamy. Segundo me contou, as pessoas lhe diziam: "O senhor está dando moradia apenas para os dalits, mas nós também somos sem-terra e sem teto. Como fica a nossa situação?" Ele respondeu: "Ora, não se preocupe. Você também pode ter uma casa se estiver preparado para conviver com os dalits, porque é lá que o terreno está disponível."

A resposta foi um choque para os não dalits, evidentemente, mas, àquela altura, a tangente de Rangaswamy já havia tomado forma. Em vez de enfrentar a questão da habitação em si, ele a usou como uma oportunidade de enfrentar o casteísmo em sua vila. "Usei isso como uma chance para misturar as pessoas o máximo possível", disse ele. "Eu queria construir casas geminadas, de um lado uma família dalit, do outro lado uma família não dalit."

Foi preciso muito esforço para convencer os não dalits, mas Rangaswamy foi sagaz ao ajudá-los a olhar para a questão de maneira mais pragmática, em vez de tentar mudar suas opiniões a respeito do sistema de castas: "Liguei para todas as pessoas e disse: 'Não estou provocando essa mistura com os dalits de propósito... mas só temos esse terreno e ele fica em uma comunidade dalit. Se estiver interessado, em vez de cinquenta casas, podemos fazer cem. Vocês podem vir e ocupar cinquenta, e as outras cinquenta ficarão com eles.'" Os não dalits logo perceberam que havia dois caminhos: ou eles poderiam morar em imóveis muito melhores e viver entre os dalits, ou se manter longe dos intocáveis, mas permanecer em suas precárias casas de aluguel.

O que aconteceu ali? Bem, nem a aplicação da lei nem uma mudança de base na educação dos indianos poderia resolver a questão do casteísmo em uma escala de tempo aceitável. No entanto, o problema era urgente e se autorreforçava, e as pessoas não podiam simplesmente ficar sentadas sem fazer nada: a cada geração, os comportamentos que discriminavam, isolavam e oprimiam os dalits eram reproduzidos. A rotatória que Rangaswamy usou nos mostra que é possível usar um problema (moradia limitada e de baixa qualidade) para enfrentar outro (preconceito entre castas), e que isso é particularmente vantajoso quando estamos lidando com questões complexas e de difícil solução.

A intervenção habitacional de Rangaswamy em 2000 colocou pressão sobre esse ciclo que se autorreforçava, reduzindo as distâncias — física e emocional — consideradas naturais pelas castas. Como famílias de dalits e de castas diferentes viviam juntas em condições semelhantes, as crianças que cresceram nessas moradias começaram a brincar juntas e pararam de discriminar umas às outras. As barreiras não foram completamente derrubadas, mas hoje se nota que a animosidade diminuiu e que as novas gerações estão gradualmente desafiando o casteísmo. Em 2018, quando caminhei pela vila com Rangaswamy, ele apontou para dois jovens amigos, um não dalit e outro dalit, caminhando lado a lado, algo que teria sido impensável antes do uso de sua tangente.

Sua rotatória também causou impactos indiretos. Os dalits e os não dalits começaram a se mobilizar em conjunto na busca por melhores serviços públicos, entre eles a criação de sistemas de esgoto, habitação digna para todos e o fornecimento de água e eletricidade. O programa acabou virando uma referência para outras vilas. Alguns anos depois de Rangaswamy ter concluído o projeto das casas geminadas, o governo decidiu replicar o modelo em mais de 250 vilas em todo o estado de Tamil Nadu.

Rangaswamy me ensinou que o cerne das tangentes rotatória é abraçar a inevitabilidade. Em vez de tentar bater de frente com comportamentos e crenças profundamente enraizados, Rangaswamy abordou o casteísmo indiretamente, usando um projeto habitacional não convencional que fez as pessoas conviverem.

A ROTATÓRIA COMO TANGENTE PARA LUTAR CONTRA O SISTEMA

O restante deste capítulo vai analisar especificamente ativistas, movimentos e empreendedores sociais. Penso que temos muito o que aprender com o atrevimento e o pioneirismo de algumas organizações: aquelas que, motivadas pela necessidade de ações imediatas contra problemas sem solução, precisam ser engenhosas, flexíveis e rápidas. Vamos desafiar o senso comum que diz que todos os tipos de organização — como as sem fins lucrativos, os movimentos sociais e as agências governamentais — devem aprender com as empresas e, em vez disso, aprenderemos com as tentativas desses ativistas de criar pequenos alívios contra sistemas opressivos.

Aprendendo a se recuperar

Primeiro, vamos falar sobre como as arquitetas Swati Janu e Nidhi Sohane ajudaram comunidades vulneráveis a resistir aos processos de despejo em Déli, algo que, segundo Janu, é muito comum na Índia.

A falta de terras legalizadas a preços acessíveis, bem como o fluxo contínuo de migrantes para cidades como Déli, fizeram surgir vários tipos de comunidades não planejadas ao longo do tempo. Algumas, chamadas de assentamentos ou invasões, estão localizadas em terras de propriedade de alguma agência pública, como as ferrovias estatais ou alguma empresa municipal. Como se dá o processo: as pessoas constroem ou ocupam casas nesses terrenos de forma ilegal e não autorizada, muitas vezes por décadas. Esses assentamentos geralmente estão em zonas indesejáveis, ao lado de alguma saída de esgoto ou linha ferroviária. O problema surge quando, em virtude da expansão da cidade, os terrenos de assentamentos, até então indesejáveis, tornam-se interessantes para as construtoras. Ou, nas palavras de Janu, "as forças do mercado transformam aquelas terras em boas oportunidades imobiliárias e despejam as pessoas assentadas".

Os moradores são informados do despejo com poucos dias de antecedência e as autoridades justificam esses despejos como inevitáveis: aquelas pessoas estão ocupando ilegalmente terras que não lhes pertencem. Cada vez que uma comunidade vulnerável é despejada, seus membros sofrem perdas materiais consideráveis. O governo destrói suas casas e lavouras, mas os indivíduos despejados muitas vezes retornam em questão de dias. Conversando com Janu, perguntei ingenuamente se as ações do governo são, em última análise, inúteis, já que os assentados são resilientes e acabam voltando para as terras. Ela me corrigiu educadamente: "Na verdade, não se trata de resiliência, porque isso seria romantizar a situação deles. Nem todo mundo volta, e a cada retorno essas pessoas têm um pouco menos e ficam um pouco mais fracas. Muitas pessoas em situação de rua são ex-assentados que foram parar nessa condição após múltiplos despejos. A pessoa que é despejada várias vezes perde seus bens, mas também perde a vontade [de viver]."

Janu e Sohane foram informadas sobre o iminente despejo de um assentamento de pequenos agricultores nas margens do rio Yamuna, nos arredores de Déli. No passado, a área pertencia a algumas pessoas que arrendavam as terras aos colonos, mas as áreas haviam sido vendidas ao governo algumas décadas antes. Mesmo assim, os antigos proprietários continuaram a cobrar aluguel dos colonos. Embora os colonos soubessem que a terra era pública, os proprietários detinham o poder local e continuavam a lucrar. Tempos depois, quando a especulação imobiliária aqueceu a região, vieram os despejos, e os moradores foram forçados a pagar aluguel pelas terras das quais estavam sendo expulsos. Sem ter para onde ir, os colonos ficaram presos num ciclo vicioso de dupla opressão.

Durante um despejo legal em 2011, o governo destruiu uma escola local que operava informalmente e ensinava cerca de duzentos alunos. A demolição foi uma evidente violação do direito à educação na Índia: mesmo que o assentamento onde a escola estava construída fosse ilegal, a Secretaria de Desenvolvimento de Déli não estava autorizada a destruí-la. A comunidade recorreu então ao tribunal superior e recebeu permissão para reconstruir a escola, desde que ela fosse classificada como temporária. A decisão judicial inspirou uma tangente que, nas palavras de Janu, "surgiu desta necessidade de atender uma comunidade tenaz, que sobrevive onde não é permitido, e para fazer valer seus direitos de resistir e crescer".

Janu e Sohane sabiam que a solução ideal (impedir os despejos e conceder aos moradores o direito de usufruir da terra) estava fora do seu alcance, e que primeiro era preciso interromper os ciclos viciosos que aprisionavam aqueles colonos na pobreza. "Estávamos buscando soluções que contornassem as restrições, e não uma solução definitiva", explicou Janu. Em 2017, foi com essa mentalidade flexível que as arquitetas projetaram e construíram um edifício escolar modular e temporário, denominado ModSkool. A construção poderia ser montada e desmontada em questão de um dia, a fim de protegê-la de demolições e garantir que pudesse continuar sendo usada à margem da legalidade.

As arquitetas mobilizaram voluntários e membros da comunidade, angariando fundos para implementar aquela tangente planejada. Quando a escola está em uso, a estrutura de metal pode ser preenchida com materiais disponíveis localmente, como bambu, grama seca e madeira reutilizada. Quando um aviso de despejo chega, os colonos desmontam rapidamente a estrutura e armazenam suas peças em um pequeno compartimento de 3 metros quadrados. Como não deixa nada para ser derrubado, a escola não sofre perdas de materiais e pode retornar rapidamente à operação logo após o despejo. Graças a essa tangente, a comunidade pode resistir em melhores condições e por mais tempo. "Essa transitoriedade, essa característica temporária, na prática funciona como um mecanismo de enfrentamento usado pelas comunidades para sobreviver", explica Janu.

A escola desmontável não resolve o problema dos despejos e não melhora necessariamente a situação daquelas pessoas, mas pelo menos evita que sua situação piore ainda mais. Esse tipo de perseverança flexível pode transformar a ocupação daquelas áreas em algo tão inevitável quanto as ordens de despejo do governo. Se sua preocupação mais imediata é adiar um conflito e ter um lugar para dormir à noite, a resiliência se torna mais efetiva do que a retaliação. Nas palavras de Maria Bethânia, melhor ser "como a *haste fina* que qualquer brisa verga, mas nenhuma espada corta".

Aprendendo a ganhar tempo

Vejamos mais um caso de resistência contra despejos. Quando trabalhei como consultor de sustentabilidade no Brasil, li sobre os repetidos despejos sofridos pelo povo indígena Guarani-Kaiowá nas terras historicamente habitadas por eles. Anos depois, enquanto conduzia minha pesquisa na Universidade de Cambridge e aprendi sobre as tangentes utilizadas com ousadia por diversas organizações em todo o mundo, percebi que os Guarani-Kaiowá também tinham feito uso de uma tangente quando deram um ultimato ao governo brasileiro, que lhes permitiu ganhar tempo e aumentar a conscientização a respeito de sua situação. De volta ao meu país, conversei com ativistas, especialistas, lideranças indígenas e representantes do governo para aprender mais sobre como aquele povo resistiu à opressão.

Os Guarani-Kaiowá têm um longo histórico de enfrentamentos contra despejos forçados. Como suas terras não estavam oficialmente demarcadas, os agricultores foram comprando lotes, o que resultou em muitas batalhas jurídicas e físicas. Interessado no caso, procurei uma amiga que é procuradora federal no estado de Mato Grosso do Sul. Ela começou a conversa me dizendo: "Às vezes tenho que defender causas com as quais não concordo particularmente." Negociar o despejo de uma comunidade Guarani-Kaiowá das terras onde eles habitavam foi um desses casos. Quando minha amiga foi informar ao líder daquela população que a justiça havia confirmado o despejo, ela tentou suavizar o golpe, dizendo que o governo havia se oferecido para compensá-los com outra grande área de terras mais férteis. O líder respondeu com uma reflexão: "Se eu lhe oferecesse uma mãe melhor, você trocaria a sua?"

A procuradora logo descobriu que a relação dos Guarani-Kaiowá com sua terra é realmente maternal. Em sua visão cosmológica, eles têm que viver e ser enterrados na mesma terra dos seus antepassados. Em sua língua, tekoha, a palavra para "terra", também significa "o lugar onde posso existir". Não há vida plausível e concebível para eles fora de suas terras.[29]

Em 2012, a Tekoha Pyelito Kue/Mbrakay, uma comunidade Guarani-Kaiowá, foi notificada de que a justiça havia ficado do lado dos agricultores que reivindicavam a propriedade da terra, e que a comunidade teria que ser retirada da área. Em vez de suas abordagens habituais — que envolviam o confronto aberto, ou deixar a terra com esperança de retornar um dia —, o povo Guarani-Kaiowá fez um pedido chocante às autoridades brasileiras.

Em carta aberta, escrita em português e postada no Facebook, a comunidade solicitou: "Queremos morrer e ser enterrados nesta terra com nossos ancestrais, onde estamos hoje. Pedimos ao governo do Brasil e à justiça federal para, em vez de decretar a ordem de despejo, decretar nossa morte coletiva e enterrar todos nós neste solo. Pedimos, de uma vez por todas, que seja decretada nossa extinção total, além do envio de vários tratores que possam cavar um grande buraco onde jogar e enterrar nossos corpos... decidimos que não sairemos daqui, vivos ou mortos."³⁰

A carta transformou o despejo em etnocídio. Com essa reviravolta, os povos indígenas chamaram a atenção de pessoas que até então desconheciam a existência daquela população e seu sofrimento. A carta foi publicada na grande mídia, milhares de pessoas protestaram nas ruas e nas redes sociais, e centenas de cartas e petições foram enviadas ao governo. A ordem de despejo foi temporariamente suspensa e, em 2021, a comunidade de Tekoha Pyelito Kue/Mbrakay ainda estava em suas terras, embora seu futuro permaneça incerto.

Desde 2012, outros grupos indígenas que enfrentam casos de despejo têm utilizado táticas semelhantes. Como o público tomou conhecimento das violações dos direitos humanos e das tensões agrárias na região, hoje há uma pressão maior pela demarcação das terras Guarani-Kaiowá. Ainda não se sabe se essa tangente terá um impacto mais permanente nas próximas décadas. Até o momento, o tribunal de apelação não se pronunciou, mas ao levar o caso para o tribunal da opinião pública, os Guarani-Kaiowá evitaram o despejo imediato.

Do vicioso ao virtuoso

Assim como os Guarani-Kaiowá, ativistas e movimentos sociais muitas vezes usam métodos chocantes e perturbadores para chamar a atenção para assuntos ignorados. No entanto, infelizmente é comum que os efeitos sejam pouco duradouros. Um exemplo disso ocorreu no vigésimo aniversário do desastre de Bhopal — um dos piores desastres industriais do mundo, quando mais de 500 mil pessoas foram atingidas e mais de 3 mil morreram em 1984 por causa de uma substância tóxica que vazou de uma instalação da Union Carbide, empresa indiana cujas ações foram totalmente adquiridas pela Dow em 2001 e transformada em subsidiária. Nessa época, o ativista Jacques Servin apareceu em um programa ao vivo no BBC World News como "Jude Finisterra", um porta-voz da Dow Chemical Company. Ele alegava que a empresa estava assumindo a responsabilidade pelo desastre e planejava desembolsar 12 bilhões de dólares em compensação para as vítimas e na recuperação da área de Bhopal. O impacto da farsa foi imediato: em Frankfurt, o preço das ações da Dow caiu cerca de 4% em 23 minutos, reduzindo o valor de mercado da empresa em bilhões de dólares. Quando a BBC emitiu uma errata e fez um pedido de desculpas ao vivo, pouco depois o preço das ações da Dow se estabilizou e a empresa saiu relativamente ilesa.[31] Servin e outros ativistas não conseguiram aproveitar o seu momento nos holofotes, de modo que aquela tangente não teve consequências tangíveis duradouras para a empresa ou para a população impactada.

Embora essas ações possam trazer conscientização e apoio imediato, elas não costumam levar a mudanças permanentes, a menos que os ativistas tomem uma direção diferente. Nesse ponto, podemos aprender com Scheherazade, a lendária rainha persa que usou uma série de tangentes para mudar o curso do destino aparentemente inevitável que lhe foi conferido pelo marido, o rei Shahryar.[32]

A história conta que Shahryar descobriu que sua primeira esposa o traíra e passou a acreditar que todas as mulheres fariam o mesmo. Depois de executar aquela esposa, o rei decidiu que todos os dias se casaria com uma nova virgem e a decapitaria após a núpcias, antes que ela tivesse a chance de desonrá-lo. As pessoas começaram a ter raiva do monarca por matar suas filhas, mas não conseguiam fazê-lo mudar de ideia.

Então o rei se casou com uma nova jovem. Scheherazade tinha o dom de contar histórias que deixavam o ouvinte encantado e completamente alheio à realidade, mesmo que por um momento. Uma vez casada e já nos aposentos do rei, Scheherazade perguntou se poderia dar um último adeus à sua amada irmã, que havia sido secretamente instruída a pedir a Scheherazade que lhe contasse uma história. O rei permitiu e ficou acordado por toda a noite ouvindo com admiração a história de Scheherazade. Ao amanhecer, Scheherazade interrompeu a narrativa em um momento emocionante.

Curiosíssimo, o rei decidiu adiar a execução: ele fazia questão de ouvir o restante da história! Scheherazade, que usara de sua oratória incrível para driblar a inescapável autoridade do rei naquela primeira noite, terminou aquela primeira história e começou outra, novamente controlando o tempo de modo que, ao amanhecer, a dramática narrativa ficasse em aberto. E por 1.001 noites Scheherazade repetiu sua estratégia, atrasando com sucesso sua decapitação, um dia de cada vez. Quando enfim terminou sua milésima história e disse que não tinha mais nada para contar, o rei já havia se apaixonado e decidiu então poupar a vida da mulher que, àquela altura, lhe dera três crianças.

Com resistência indireta, Scheherazade inverteu a lógica do poder. A tangente reconfigurou a situação precisamente porque a jovem não estava batendo de frente com a autoridade do rei. Em vez de agir de forma confrontacional, Scheherazade prolongou sua vida dia após dia, ganhando tempo para encantar o rei e mudar seu destino de forma lenta, mas segura.

A lição de Scheherazade é usar as tangentes do tipo rotatória de forma a ganhar tempo e buscar um redirecionamento, mas tendo a certeza de que esse redirecionamento possa gerar mudanças maiores. Ter um impacto temporário ou interromper por um breve período um comportamento que se autorreforça é bom, mas esses ganhos provavelmente desaparecerão se nada mais acontecer.

Scheherazade teria a cabeça cortada se não tivesse transformado suas pequenas vitórias em algo maior: suas histórias não apenas a fizeram ganhar mais tempo, como também ensinaram ao rei lições valiosas e, acabaram capturando seu coração.

QUANDO USAR UMA TANGENTE ROTATÓRIA?

Uma estratégia do tipo rotatória não costuma solucionar de imediato desafios sistêmicos, mas interrompe comportamentos de autorreforço e nos faz ganhar tempo para mobilizar, negociar e desenvolver alternativas, aliviando um problema urgente ao mesmo tempo que cria impulso para que possamos tomar uma direção diferente.

Comportamentos que se autorreforçam, como urinar em público na Índia, são notoriamente difíceis de quebrar, e não respondem tanto a intervenções situacionais (disponibilizar mais banheiros) ou ao confronto (multas e constrangimento público). Os proprietários dos muros redirecionaram o fluxo (por assim dizer) apelando à religiosidade dos possíveis responsáveis, com a instalação cuidadosa de imagens de deuses nos locais que eram alvo de urinação. Essas imagens na altura do joelho interromperam totalmente o ato de urinar em público? Não. Quem se dedica à atividade provavelmente encontrará uma parede sem deuses em outro lugar. No entanto, esse tipo de intervenção de influência religiosa é tão útil que, em outras áreas, pessoas aplicaram abordagens semelhantes para, por exemplo, promover a higiene nos restaurantes e desencorajar o descarte inadequado de lixo.

Da mesma forma, o distanciamento social por si só não acaba com uma pandemia, mas salva vidas e permite o tempo necessário para o desenvolvimento de vacinas e tratamentos. Ao adiar o inevitável, tangentes rotatória também podem permitir que a pessoa enfrente os desafios em seus termos. Adiar uma avaliação ou revelar uma ideia apenas quando for o momento certo pode ser vital para o sucesso de uma inovação. Sem esse tipo de tangente, talvez nunca tivéssemos obtido sucessos estrondosos como a aspirina.

Outra abordagem do tipo rotatória é usar um problema para enfrentar outro. Caso de Rangaswamy, que lidou indiretamente com o preconceito de castas por meio de unidades habitacionais nas quais dalits e não dalits tinham de conviver. Ocupar-se com essas questões entrelaçadas e controversas da vida real requer adaptabilidade e disponibilidade para aceitar medidas provisórias que aliviam, mas não resolvem inteiramente o problema.

A escola desmontável nas margens do rio Yamuna e a mensagem dos Guarani-Kaiowá ressignificando um aviso de despejo representam dois métodos opostos, mas igualmente inteligentes, de aplicar a mesma lógica: o primeiro caso adotou a flexibilidade e o segundo a evitou, mas ambos funcionaram em seus respectivos contextos para tornar a situação um pouco mais suportável por um período maior de tempo.

A personagem fictícia Scheherazade, madrinha das tangentes rotatória, exemplifica todas essas qualidades: ela nos ensina que a mudança estrutural é resultado de uma sequência eficiente de pequenas intervenções temporárias. Assim como Scheherazade, você também pode acumular tangentes em cima de tangentes, noite após noite, mudando de forma imperceptível, mas definitiva, o curso do que à primeira vista parece inevitável. Mas tenha em mente a principal lição de *As 1001 noites*: postergar uma avaliação de cenário ou uma decisão não será suficiente se você não usar o tempo com sabedoria. Ao desafiar o *status quo* um pouco todos os dias, as tangentes rotatória não necessariamente darão origem a mudanças definitivas, mas podem, sim, criar condições para que novas possibilidades se revelem.

4
O túnel

Perdi a noção de quantos adaptadores de tomada comprei em aeroportos a preços inflacionados. Não sou o tipo de pessoa que faz listas para tudo e tendo a não me preocupar com coisas rotineiras como o formato das tomadas elétricas. Por isso, muitas vezes esqueço de levar adaptadores de tomada nas viagens, e fico literalmente sem energia.

De acordo com a Administração de Comércio Internacional, um braço do Departamento de Comércio dos Estados Unidos, quinze tipos de tomadas elétricas diferentes são usados no mundo todo. Todas fazem o mesmo trabalho, certo? Por que não podemos ter um único padrão global?

No século XX, a ascensão dos aparelhos elétricos estimulou os fabricantes a desenvolverem seus próprios plugues e tomadas. Alguns fabricantes foram conquistando a fidelidade do mercado e seus designs se tornaram dominantes, suas opções acabaram se transformando em padrões nos locais onde atuavam. Essa variedade de tomadas entre os países não era um grande problema a princípio, mas, com a globalização, as pessoas começaram a viajar mais para o exterior e os aparelhos eletrônicos tornaram-se cada vez mais portáteis. A falta de um padrão universal tornou-se um problema.

A Comissão Eletrotécnica Internacional (IEC) começou a defender um padrão global no início da década de 1930. Alguns governos adotaram formalmente um único design. Mas a Segunda

Guerra Mundial e a recessão econômica que se seguiu interromperam o trabalho da IEC até a década de 1950. De acordo com a instituição, "a essa altura, os países tinham a maior parte das suas infraestruturas em funcionamento e os interesses financeiros de certos grupos já estavam embutidos em nossas paredes".[1]

Um plugue universal pode ser desejável para muitos que, assim como eu, vivem se esquecendo de levar adaptadores na bagagem. Mas essa deveria ser uma prioridade pública? E, se sim, quem deveria arcar com os custos de trocar a infraestrutura necessária? Para adotar um padrão global, os países teriam que concordar com um único design, independentemente de tensões geopolíticas, ideologias políticas e diferenças nas prioridades e no tamanho do orçamento. Imagine como seria politicamente impopular substituir toda uma infraestrutura, especialmente em países de baixa e média renda, onde a troca de plugues, tomadas e conectores domésticos pode ser particularmente custosa.

Mesmo que seja imperfeito, um adaptador de viagem proporciona uma alternativa imediata e viável à solução ideal, mas irrealista, que seria a negociação e implementação de um padrão internacional. Tangentes do tipo túnel como o caso dos adaptadores de tomada, podem funcionar como uma espécie de remendo. Em vez de lutarmos por improváveis mudanças coletivas estruturais que envolveriam a coordenação de muitos agentes com agendas e capacidades diferentes, podemos usar esse tipo de tangente para conseguir o que queremos utilizando recursos à nossa disposição.

O QUE É UMA TANGENTE TÚNEL?

Quando não podemos fazer muito para mudar as restrições de nossa situação, a tangente túnel pode nos ajudar a atingir nossos objetivos, causando o mínimo de estardalhaço. Essas soluções são particularmente benéficas quando os riscos são altos, as mudanças estruturais difíceis demais e uma abordagem frugal e imperfeita parece ser a alternativa mais viável. Uma tangente túnel se concentra no reaproveitamento ou na recombinação de recursos, que podem variar dos mais avançados aos mais básicos. A chave é se concentrar nas possibilidades não convencionais de usar ou combinar recursos que são amplamente ignoradas.

Às vezes, essas tangentes tomam a forma de remendos isolados que nos permitem atingir nossos objetivos de maneira mais rápida. Em outras circunstâncias, nos permitem explorar alternativas à margem do senso comum, ou criam precedentes que facilitam mudanças duradouras. Este capítulo mostra o que aprendi analisando as histórias de empreendedores, advogados, empresas, organizações sem fins lucrativos, movimentos sociais e nerds anárquicos que buscaram a tangente túnel em diferentes contextos, por diferentes razões, usando diferentes recursos e abordagens.

ENCONTRE O TÚNEL — E RÁPIDO

Não desvalorize o poder de um remendo, especialmente nos casos em que o tempo é curto, as informações são limitadas e a tomada de decisão precisa ser urgente — como foi o caso de uma pandemia global. Na época em que o mundo percebeu que a Covid-19 nos atingiria com força, li uma publicação no Twitter de autoria desconhecida que dizia: "As mãos invisíveis do mercado não usam álcool gel." Era evidente que o mercado não estava pronto para responder à demanda rápida e altíssima por produtos como álcool gel, respiradores e máscaras. Essa escassez tinha o potencial de colocar todos nós em risco.

Não podíamos esperar que os fabricantes desses itens de primeira necessidade estivessem prontos para dar conta de um crescimento tão repentino da demanda. Em março de 2020, até a gigante americana 3M, cuja receita anual ultrapassa os 32 bilhões de dólares, só pôde se comprometer a dobrar sua produção de máscaras faciais N95, apesar da demanda ser maior.[2] Expandir a capacidade de produção não é simples e leva tempo: envolve ampliar instalações ou construir novas, maquinário extra, matérias-primas adicionais provenientes de diferentes partes do mundo e mais funcionários qualificados.

A pandemia criou um "novo normal" para o qual não estávamos preparados. Mas situações em que as apostas são altas, os recursos, escassos e o tempo, curto podem se tornar excelentes laboratórios para as tangentes túnel. Em circunstâncias altamente complexas, é preciso recorrer a uma colcha de retalhos de respostas descentralizadas e fragmentadas, e não apenas a uma única solução.

Governos e organizações internacionais, como a OMS, começaram a acionar fabricantes de produtos fora do setor da saúde, bem como farmacêuticos licenciados e até médicos, para ajudar a produzir o tão necessário álcool gel para as mãos com os recursos que já estavam disponíveis. Empresas de engenharia foram convidadas a mudar o foco de sua produção para construir respiradores, e vimos todos, desde influenciadores de mídia social a amigos e familiares fazendo máscaras com tecido reaproveitado de roupas velhas e protetores de rosto feitos com garrafas PET.

Até uma das empresas mais renomadas do setor de artigos de luxo se voltou para a tangente túnel quando necessário. Em março de 2020, a França entrou em *lockdown*, e o presidente Emmanuel Macron declarou o país "em guerra" contra a Covid-19. Cerca de 72 horas depois que o governo francês emitiu um chamado às indústrias do país, solicitando ajuda para dar conta da demanda por suprimentos médicos, o bilionário Bernard Arnault, presidente e diretor executivo da LVMH — um conglomerado de mais de setenta empresas que possui várias marcas de luxo, dos Perfumes Dior até as bolsas da Louis Vuitton e os Champagnes Moët —, reuniu recursos, usou sua rede de influência e iniciou a produção de álcool gel.

Em uma semana, a LVMH produziu e forneceu doze toneladas do produto para 39 hospitais em Paris, posteriormente aumentando a produção para abastecer outros hospitais em todo o país.[3]

Essa tangente foi possível porque o equipamento das fábricas podia ser aproveitado para outros propósitos. A indústria cosmética é prima da indústria farmacêutica e, às vezes, utiliza materiais e maquinário semelhantes. A LVMH é um conglomerado tão grande que, ao contrário de outras empresas de luxo, tem um controle maior de sua cadeia de abastecimento e maior estoque de matérias-primas. O álcool gel contém três ingredientes principais — água purificada, etanol e glicerina —, todos os quais a LVMH tinha em mãos para a produção de suas fragrâncias, sabonetes líquidos e cremes hidratantes. Os dois últimos são semelhantes em viscosidade aos géis desinfetantes para as mãos, o que permitiu à LVMH utilizar seu maquinário padrão e até as suas próprias garrafas de plástico. O tanque de metal da fábrica da Dior usado para destilar aromas foi usado para misturar os ingredientes, e a máquina de preencher frascos de sabonete colocou o gel nas embalagens.[4]

Em qualquer outro momento, a fabricação desse produto não faria sentido para a LVMH: era o produto menos luxuoso, elegante e mais barato que o conglomerado já havia produzido. Ao usar essa tangente, no entanto, a empresa não estava interessada em lucro: a LVMH distribuiu o produto gratuitamente. O movimento a posicionou como uma empresa consciente e interessada no bem-estar social, indo contra a imagem que as empresas de consumo de luxo costumam carregar de serem elitistas e supérfluas.

USOS EXTRAORDINÁRIOS PARA RECURSOS COMUNS

Tangentes túnel podem ser um pouco desengonçadas: fazem o trabalho, mas de forma imperfeita ou temporária. Na LVMH, uma das maiores e mais luxuosas empresas do mundo, observamos o valor dessas tangentes em uma situação de calamidade. Mas foi somente conhecendo o trabalho de pequenas organizações, que cotidianamente redirecionam ou encontram novas combinações para recursos disponíveis, que aprendi como esse processo em geral implica a busca pelo extraordinário no mundano.

É preciso uma tangente túnel para criar uma criança

Tião Rocha é um antropólogo e empreendedor social brasileiro que orgulhosamente me disse ser um educador, não um professor: "Nossas escolas estão ensinando, não educando (...) elas permanecem brancas, cristãs, seletivas e conformistas!" Rocha não é contra as escolas, mas acredita que se tratam de instituições muito rígidas, focadas em disciplinar, e sem noção sobre como usar o contexto com criatividade. Ele acrescenta que, devido a essa abordagem padronizada, elas não alcançam nem 10% do seu potencial educacional: "Se o tamanho da escola é M, mas o garoto usa G, pedem para ele cortar um braço."

Você pode imaginar as restrições estruturais que ele enfrentaria se tentasse mudar todo o sistema escolar de um país como o Brasil, que tem mais de quarenta milhões de crianças em idade escolar?

Rocha fundou o CPCD, uma organização sem fins lucrativos que se dedicou ao sistema escolar pelos últimos trinta anos.[5] Sua abordagem desafia as suposições básicas das escolas: não há sala de aula, professor, tópico ou material predeterminado. Ele se baseia nas atividades cotidianas e explora a cultura popular para desenvolver métodos de ensino. "Enquanto nas escolas há um disciplinador, em uma escola de samba, há um diretor de harmonia", diz Rocha, apontando que a educação pode ser agradável e acontecer em qualquer lugar. Ele começou reunindo crianças em lugares inesperados, como sob uma mangueira. A premissa básica era: todo mundo ensina e todo mundo aprende, e por isso todos ficam dispostos em círculos, para que ninguém assuma uma posição de liderança. Nesses espaços, as crianças não são mais figuras passivas: elas propõem tópicos e desenvolvem criativamente métodos para suas próprias experiências de aprendizagem.

Com uma abordagem não convencional que busca contornar a escolarização fornecida pelo estado, a organização sem fins lucrativos vai para as cidades com alguns dos piores indicadores de educação do país. A abordagem de Rocha é baseada em uma ideia que ele aprendeu em Moçambique: "É preciso uma aldeia para criar uma criança." Quando chega a uma cidade, Rocha busca potencialidades: o que ele quer é encontrar o extraordinário em meio ao mundano.[6]

Rocha esteve em uma cidade muito humilde chamada Araçuaí, onde 96,7% das crianças que completaram a oitava série não atendiam suficientemente aos padrões estabelecidos pelo governo brasileiro, e 60% estavam em "estado crítico".[7] Lá, criou uma "unidade de terapia intensiva educacional" e perguntou a uma mulher que já era avó como ela poderia ajudar a diminuir o alto índice de analfabetismo em sua cidade. Ela respondeu: "Ah, meu filho, sou só uma velha burra, não tenho nada para ensinar. O governo é quem deveria ser responsável por fazer alguma coisa." Rocha então reformulou a pergunta: "O que a senhora faz de melhor?"

Para sua surpresa, ela disse que seus "biscoitos escritos" — biscoitos que ela assava em diferentes formatos e letras — eram deliciosos. Com a ajuda dessa senhora, Rocha criou a "Pedagogia do Biscoito": o CPCD ensina as crianças a ler e fazer operações matemáticas básicas lendo receitas em vez de livros e a escrever usando sacos de confeitaria em vez de lápis. Com essas tangentes túnel, a organização de Rocha não produziu "excelência", mas rapidamente elevou o padrão educacional da cidade cujos alunos se encontravam em "estado crítico".

Tangentes como essa podem não resolver as limitações estruturais, mas conseguem criar remendos que aliviam os problemas e ampliam os limites do que é possível fazer com os recursos disponíveis.

O lixo de um homem é o tesouro de outro

O extraordinário pode ser encontrado naquilo que é inesperadamente valioso — como biscoitos — e também naquilo que jogamos fora. Foi isso que o engenheiro Topher White fez. White reaproveitou aparelhos celulares descartados para enfrentar um dos maiores desafios ambientais do mundo: a extração ilegal de madeira.

De acordo com a Interpol, entre 50 e 90% da exploração madeireira nas florestas tropicais é ilegal. Essa é uma porta de entrada para o desmatamento, uma das principais causas das alterações climáticas e da perda de biodiversidade, além de frequentemente causar violações dos direitos humanos das populações que habitam essas terras.[8] Infelizmente, a maior parte das florestas tropicais está localizada em países de baixa e média renda, que não possuem recursos humanos e tecnológicos suficientes para monitorar áreas enormes de maneira eficiente. Tomemos como exemplo a Amazônia, região que abriga a maior floresta tropical do mundo: sua área é de cerca de 2,1 milhões de quilômetros quadrados (o equivalente a cerca de 770 milhões de campos de futebol) e abrange nove países. Imagine a dificuldade de monitorar um espaço tão vasto, interjurisdicional e de difícil acesso a fim de protegê-lo contra madeireiros ilegais?

White decidiu driblar essas restrições. Em suas palavras, sua tangente "não surgiu por causa de qualquer tipo de solução de alta tecnologia, mas do simples aproveitamento daquilo que já existia".[9] A ideia, segundo conta, surgiu durante uma viagem de lazer para Bornéu. Lá ele percebeu quão barulhenta é a floresta tropical: dos cantos dos pássaros até as brincadeiras dos macacos e o barulho da água, a floresta tropical contém ruídos infinitos, o que torna difícil para os guardas e agentes florestais ouvir e identificar onde ocorre a exploração madeireira. Mas e se fosse possível diminuir os sons da natureza a ponto de distinguir o som das motosserras?

White descobriu que havia rede de celular disponível mesmo em áreas muito remotas da floresta tropical, a centenas de quilômetros da estrada mais próxima. Ao mesmo tempo, ele sabia que centenas de milhões de aparelhos são descartados todos os anos no mundo todo. Eis a sua ideia: reaproveitar esses aparelhos antigos para "ouvir" os sons da floresta em um raio de 3 quilômetros. Os aparelhos são carregados com energia solar e colocados em caixas de proteção escondidas nas copas das árvores, distribuídas pela floresta tropical para maximizar a área de cobertura. Em seguida, a inteligência artificial analisa os sons e distingue entre os ruídos de motosserra e os sons da floresta (como pássaros cantando, chuva caindo e árvores balançando ao vento). Como os aparelhos estão conectados a uma rede, quando "ouvem" as motosserras, enviam um alerta em tempo real com a localização do registro para os guardas e patrulhas da comunidade, que podem pegar os madeireiros no ato.[10]

Usando uma tangente túnel, White cofundou a Rainforest Connection, uma organização sem fins lucrativos que logo se expandiu para dez países em cinco continentes.[11] Além de impedir diretamente a extração ilegal de madeira, a tangente usada por White também forneceu dados que corroboram a necessidade de uma maior proteção dessas áreas, expandindo os limites do possível na luta contra o desmatamento e mostrando como o reaproveitamento de alguns recursos presentes em todo o mundo pode criar oportunidades escaláveis para lidar com problemas complexos.

USOS MUNDANOS PARA
RECURSOS EXTRAORDINÁRIOS

Buscar o extraordinário no mundano — em biscoitos de letrinhas e celulares descartados — é uma forma de encontrar tangentes túnel, mas fazer o oposto — buscar o mundano no extraordinário —, também pode criar ótimas oportunidades de reaproveitar recursos para novas tangentes.

Pensei nessa abordagem pela primeira vez enquanto conversava com um pesquisador da Universidade de Cambridge que era um excelente hacker. Eu trabalhava em um departamento próximo e às vezes entrava discretamente em seu prédio para usar uma máquina de café. Enquanto nosso departamento fornecia café solúvel, o dele tinha um aparelho que me permitia escolher café com leite vaporizado usando um iPad. Esse pesquisador me contou sobre quando quis cozinhar um ovo para o almoço, mas não tinha chaleira nem fogão à disposição — apenas a sofisticada máquina de café. Embora tenhamos a tendência de olhar para as tecnologias em termos "completos" das funções para as quais foram concebidas, a máquina de café combinava múltiplas funções: era simultaneamente uma caldeira para esquentar água, um moedor e um espumador de leite. Em vez de pensar na tecnologia "completa", o pesquisador aproveitou apenas a peça da qual precisava: a caldeira que ferveria a água e cozinharia o ovo.

Essa solução muito rudimentar para driblar as limitações de seu escritório sinalizava, no entanto, o potencial para encontrar aplicações mundanas em tecnologias sofisticadas. Comecei a investigar como indivíduos e organizações nada ortodoxas manipulam tecnologias para encontrar usos alternativos.

Drones para o resgate

Fala-se muito da possibilidade de usar drones para serviços de entrega. Muitos presumem que a Amazon será a pioneira: você vai encomendar um produto do Amazon Prime e receberá um pacote entregue por drone em uma hora. Apenas alguns percebem que, embora essa tecnologia extraordinária ainda não seja viável na maioria dos locais onde a Amazon opera, ela já está sendo utilizada em Ruanda para fornecer algo que as pessoas nos países de alta renda consideram básico.

Cerca de um terço da população mundial não tem acesso a suprimentos médicos essenciais, desde sangue para transfusões até vacinas.[12] Um grande gargalo é a infraestrutura de transporte ruim ou inexistente, que impede o acesso a insumos tão necessários em regiões rurais de países de baixa renda. Apesar dos esforços do governo de Ruanda para melhorar a infraestrutura de transporte do país, apenas cerca de 9% das estradas oficiais eram pavimentadas em 2015.[13] O restante são estradas de terra irregulares que são um desafio, em particular, para a entrega de medicamentos sob demanda. Uma pessoa perdendo sangue não pode esperar por horas. Alguns suprimentos médicos precisam estar à disposição rapidamente.

O problema é que resolver esses gargalos de infraestrutura é incrivelmente desafiador, demorado e caro. Requer a construção de estradas melhores, a criação de instalações descentralizadas — como centros de distribuição de suprimentos médicos —, e uma melhora da governança e da logística. Mesmo que esses países tivessem recursos financeiros para abastecer melhor seu sistema de saúde, mantendo um excedente para evitar o risco de escassez, valiosos insumos com prazos de validade curtos seriam desperdiçados com frequência.

Então, em vez de lutar contra esses desafios estruturais, a empresa Zipline, do Vale do Silício, criou uma tangente: fez uma parceria com o governo de Ruanda para lançar o primeiro serviço comercial de entrega com drones do mundo. O serviço consiste em uma frota de drones autônomos que levam suprimentos médicos vitais para todo o país a partir de uma instalação central. O Zipline leva em média cinco minutos para lançar um drone autônomo de seu centro de distribuição depois de receber um pedido. Os drones de entrega cruzam o espaço aéreo de Ruanda guiados por GPS e sensores a uma velocidade de cerca de 100 quilômetros por hora. Para evitar os riscos impostos pelo pouso em um destino, o drone solta o pacote com suprimentos com um paraquedas simples em um ponto predeterminado perto do hospital ou clínica que emitiu o pedido, onde os profissionais de saúde podem resgatá-lo. O pacote consiste em uma caixa de papelão com isolamento adequado para suprimentos que precisam ser mantidos frios (como sangue e vacinas). O pacote e o paraquedas podem ser descartados. Com esse sistema, os profissionais de saúde não precisam depender de nenhum tipo de infraestrutura local para receber os tão necessários suprimentos médicos.[14]

Ao aproveitar uma tecnologia extraordinária para contornar a falta de infraestrutura, a Zipline não serviu apenas a uma causa nobre em Ruanda, como também criou um laboratório de testes para a integração de uma rede de drones autônomos no controle de tráfego aéreo — uma das restrições mais desafiadoras para a difusão da entrega por drones. Trabalhando em Ruanda, a Zipline pode estar ajudando a criar oportunidades em outros países também. A empresa se comunica diretamente com o controle central de tráfego aéreo do aeroporto de Kigali e tem desenvolvido gradualmente projetos e conceitos que podem dar suporte à implantação de entregas por drones em países com espaços aéreos mais movimentados, como os Estados Unidos, onde o uso desses aparelhos para tal finalidade é inviável atualmente.[15]

O futuro já chegou

Quando encontramos usos mundanos para tecnologias extraordinárias, revelamos novas oportunidades para ação coletiva. Foi o que aconteceu quando um grupo de nerds da informática envolveu a sociedade civil por meio de uma ação social on-line descentralizada, batizada de Operação Serenata de Amor, para desenvolver e implantar inteligência artificial na investigação de gastos públicos suspeitos no Brasil.

Em democracias representativas, espera-se que a participação cívica ocorra pelas eleições. Espera-se que os cidadãos deleguem assuntos públicos a funcionários eleitos e às instituições responsáveis pela administração da máquina pública. Porém, esses nerds a quem me refiro compartilhavam uma profunda desconfiança em relação a essas autoridades centralizadas. Eles também sabiam que os esforços de investigação no Brasil — um país onde o custo da corrupção pode chegar a até 2,3% do PIB, de acordo com a Federação de Indústrias do Estado de São Paulo — careciam de recursos humanos e tecnológicos para identificar a maioria dos casos de corrupção.[16]

Ao perceber que poderiam desenvolver uma inteligência artificial para explorar dados abertos e identificar gastos públicos suspeitos, esse grupo adiantou o trabalho das agências de investigação do país. Em 2016, eles criaram um robô de inteligência artificial de código aberto chamado Rosie, que usa algoritmos para ler automaticamente os recibos de reembolso dos congressistas. No processo, os autores também criaram uma espécie de canal aberto entre cidadãos e funcionários públicos.

O nome do robô reflete como esse grupo queria tornar o potencial extraordinário da inteligência artificial mais acessível: ele é baseado na empregada doméstica robótica do desenho animado *Os Jetsons*. Como disse William Gibson, escritor norte-americano de ficção científica creditado como pioneiro no subgênero *cyberpunk*: "O futuro já chegou. Ele só não é muito bem distribuído."[17] Os ativistas brasileiros sabiam que a inteligência artificial era o futuro que já chegou, e queriam tornar seu uso mais mundano, distribuído de maneira mais uniforme.

O momento era propício para ampliar o limite das possibilidades. A programação tornou-se mais acessível por meio de bibliotecas abertas e tecnologias de código aberto. Além disso, como parte de uma iniciativa multilateral para transparência na divulgação pública, desde 2011 o governo brasileiro exige dados abertos de todos os órgãos públicos. Ou seja, havia uma grande quantidade de informações disponíveis gratuitamente para acesso, uso e compartilhamento. O grupo envolveu mais de quinhentos voluntários por meio do GitHub, uma plataforma social de códigos, para desenvolver e melhorar os algoritmos da Rosie. Outras pessoas sem conhecimento técnico também aderiram ao movimento pelas redes sociais e ajudaram a divulgá-lo.

Os ativistas começaram com a investigação da cota para atividades parlamentares, um subsídio mensal reembolsável para as despesas diárias de todo congressista. O governo não é capaz de verificar todos os recibos em virtude do imenso volume: uma pequena equipe recebe cerca de vinte mil relatórios de despesas por mês, e o processo de verificação deles é trabalhoso. Com a inteligência artificial, o grupo automatizou o processo e contornou as restrições de recursos na administração pública. Seus algoritmos calcularam a probabilidade de irregularidade de cada despesa e a equipe justificava suas conclusões, que eram posteriormente relatadas às agências governamentais responsáveis por tomar as medidas legais cabíveis.

Cerca de seis meses após a implantação de Rosie, os algoritmos identificaram mais de oito mil despesas potencialmente irregulares, e 629 delas — relativas a 216 dos 513 membros do Congresso naquele momento — foram comunicadas às autoridades. Rosie identificou muitas possíveis fontes de corrupção, como notas fiscais frias, reembolsos solicitados por empresas falsas e despesas com produtos ou serviços que não eram especificados (ou permitidos) por lei — incluindo algumas absurdas, como comprar pipoca em um cinema com dinheiro público.

Um funcionário público responsável pela auditoria de contas públicas disse que, em uma semana, o movimento "revelou mais atividades suspeitas do que o órgão governamental responsável revelou em um ano". Além do impacto imediato do projeto, o grupo também ampliou as possibilidades de intervenção. Como os algoritmos possuem código aberto, qualquer pessoa pode utilizá-los com outros fins, como investigar corrupção em outros países ou até mesmo dentro de empresas.

O PODER DE ACUMULAR TANGENTES TÚNEL

As tangentes túnel muitas vezes surgem e ganham impulso como alternativas às maneiras convencionais de agir. Normalmente pensamos em "disrupção" como um golpe suficientemente forte para mudar tudo de uma vez, mas a verdade é que as disrupções costumam resultar de uma série de tangentes que desafiam o *status quo* de forma gradual, tornando novas possibilidades mais visíveis e acessíveis. Vejamos o que aconteceu com a criptografia, um campo repleto de tangentes do tipo túnel. Nas páginas seguintes, você verá como uma combinação delas em sequência gerou mudanças radicais, on-line e off-line, na maneira como nos comunicamos e nas moedas que usamos.

O nascimento do bitcoin

Você deve se lembrar das aulas de História do Ensino Médio, de Alan Turing, matemático e cientista da computação britânico, e de sua contribuição para o fim da Segunda Guerra Mundial. Turing decifrou a Enigma, a máquina usada pelas forças alemãs para enviar mensagens criptografadas. Conseguir decifrar os códigos dos nazistas foi um ponto de virada da guerra, pois permitiu aos aliados interceptar comunicações e agir preventivamente.

Com isso em mente, você consegue imaginar a tecnologia — e as batalhas pelo sigilo — que aconteceram em seguida nos Estados Unidos e na União Soviética durante a Guerra Fria?

A partir do início da década de 1950, a Agência de Segurança Nacional dos Estados Unidos (NSA) manteve os códigos do país em segredo e trabalhou para decifrar os códigos dos inimigos. Os Estados Unidos, principalmente por meio da NSA, detinham uma espécie de monopólio criptográfico, mas essa hegemonia colapsou quando alguns programadores aleatórios começaram a realizar trabalhos sérios de cifragem fora do âmbito governamental. Em seus esforços para se contrapor ao estado de vigilância que surgia, eles expandiram os limites do que era possível e de quem poderia usar a criptografia.[18]

Esses programadores não estavam infringindo as regras: não havia nenhuma norma formal que os impedisse de praticar a criptografia. No entanto, o governo e o público em geral os encaravam com suspeita.

Na década de 1970, os criptógrafos estavam surgindo e trabalhando para driblar o monopólio da NSA, operando de forma autônoma ou em universidades como MIT e Stanford. O ponto de virada ocorreu quando Whitfield Diffie e Martin Hellman (um programador e pesquisador e um jovem professor de engenharia elétrica de Stanford, respectivamente) descreveram a criptografia de chave pública em um artigo de 1976 intitulado "New Directions in Cryptography" [Novos Caminhos em Criptografia].[19] O trabalho era muito controverso na época — um funcionário da NSA chegou a alertar os editores de que Diffie e Hellman poderiam estar sujeitos a passar um tempo na prisão. Mas, como os autores não estavam de fato infringindo as regras, apenas contornando-as, nada aconteceu. Quase quarenta anos depois, Diffie e Hellman receberam o Prêmio Turing, da Associação de Máquinas de Computação (ACM, na sigla em inglês) — geralmente citado como o "Nobel da Computação" —, por levar a criptografia além do domínio da espionagem secreta e possibilitar os inúmeros desenvolvimentos subsequentes. Nas palavras de Dan Boneh, professor de ciências da computação e engenharia elétrica também em Stanford, "sem o trabalho desses dois, a internet não poderia ter se tornado o que é hoje".[20]

Antes, a privacidade do usuário dependia de administradores que podiam facilmente vender suas informações por dinheiro ou ser intimados pelo governo. Diffie e Hellman queriam que o conteúdo da comunicação pela internet fosse acessível aos destinatários, mas protegido contra acessos ou usos não autorizados, e uma chave pública faz exatamente isto: a mensagem só pode ser descriptografada se o remetente tiver a chave pública do receptor e se utilizar sua própria chave.

Esse avanço chegou com força nas comunidades *geeks*. Essa tangente concedia privacidade às mensagens e abria uma ampla gama de possíveis novas tangentes. Mas os riscos eram enormes: de um lado, a privacidade dos usuários; de outro, a segurança nacional. Ainda assim, o governo ameaçava aquela comunidade independente apenas de forma implícita, porque as tangentes não violavam nenhuma lei. Os criptógrafos trabalhavam com tranquilidade às margens do que era permitido. Além disso, durante a Guerra Fria, a NSA estava principalmente preocupada com as ameaças internacionais.

Quando a agência começou a analisar as ameaças internas surgidas com o uso da criptografia de chave pública, tais como a comunicação privada de pedófilos e gangsters, já não era possível voltar atrás.

À medida que a criptografia se desenvolvia, quem buscava ampliar os limites da privacidade tinha como objetivo o total anonimato on-line. Esses indivíduos queriam que as interações on-line não deixassem rastros de conversas, históricos de crédito ou contas telefônicas — e esses objetivos lentamente se concretizaram, com uma tangente se sobrepondo a outra. Essa mudança teve especial impacto na época porque, com o crescimento das transações eletrônicas, as pessoas deixavam mais rastros on-line. Seguindo as pistas deixadas pela navegação, as partes interessadas poderiam reunir identidades, problemas, preferências, crenças e comportamentos. As tangentes oferecidas pela criptografia apresentaram novas formas de limitar o grau de rastreabilidade das transações on-line.

Com o fortalecimento desse cenário no início dos anos 1990, e com o rápido desenvolvimento de tecnologias de informação e comunicação, os programadores se mobilizaram de maneiras novas e sem precedentes, usando redes arrojadas de colaboradores, onde reuniam recursos de formas inéditas para contornar obstáculos que impediam a difusão da criptografia.[21] Acho que já deu para perceber onde quero chegar com essa história, certo? A maioria das ações indiretas que desencadearam o poder da criptografia nos últimos cinquenta a setenta anos não foram baseadas em confronto. Ou seja, elas não batiam de frente com o poder dominante. A maioria não violou nenhuma lei. Ao driblar o governo em uma constante busca pela "tangente" para a questão da privacidade e anonimato, esses indivíduos interessados pouco a pouco ampliaram o limite de possibilidades. E, com isso, também abriram caminho para uma das saídas pela tangente mais famosas já feitas por programadores na história da computação, em 2008: o bitcoin.

Essa criptomoeda — e a tecnologia *blockchain* na qual é baseada — foi criada após o crash financeiro de 2008, quando a desconfiança e a aversão às instituições financeiras estavam em alta. Passando pela pior crise de suas vidas, os programadores viam as pessoas sofrendo com dívidas enquanto os governos vinham em auxílio das mesmas grandes empresas financeiras que eles apontavam como as responsáveis pela crise. As corporações que receberam todo tipo de suporte governamental eram exatamente as mesmas que controlavam o sistema centralizado responsável por todas as nossas transações financeiras: o dinheiro que você tem, seu score de crédito, os fluxos financeiros, etc. Os programadores sabiam que, no passado, muitos haviam tentado, sem sucesso, enfrentar essas grandes corporações financeiras. Mas, desde sempre muito resilientes, elas se recuperavam de qualquer revés.

Ao inventarem a criptomoeda, os programadores encontraram uma forma de contornar as estruturas centralizadas do sistema financeiro, proporcionando uma alternativa para anonimizar os membros e possibilitar transações sem vestígios detectáveis.

Satoshi Nakamoto — o pseudônimo que esconde a identidade (ainda desconhecida) de uma pessoa ou grupo de pessoas — registrou o domínio bitcoin.org e em seguida publicou um artigo sobre um sistema eletrônico de uma moeda com fluxo *peer-to-peer*, explicando no que ele consiste e o que isso implica. No início de 2009, a rede passou a existir, permitindo a todos a "mineração" da moeda digital por meio de um sistema de loteria, e que realizassem transações com bitcoin de forma digital e não rastreável.

Nakamoto também fez a mineração do bloco inicial da moeda digital, denominado Bloco 0, e simultaneamente compartilhou um artigo sobre o resgate dos governos aos bancos, o que foi entendido como um pedido para que as pessoas pensassem no bitcoin como uma forma de desafiar o sistema financeiro.[22]

A ideia era tão promissora — e o momento tão propício — que o bitcoin logo decolou. Os primeiros apoiadores se envolveram em seu desenvolvimento. Hal Finney, membro do Movimento Cypherpunk que descobriu a proposta de bitcoin de Nakamoto logo no começo, se ofereceu para minerar o primeiro bloco de moedas. Cerca de um ano depois, algumas redes varejistas começaram a aceitar o bitcoin, e muitas outras acompanharam.[23] O crescimento da criptomoeda foi absurdo: em maio de 2010, na primeira transação para um item tangível usando bitcoin, um homem da Flórida pagou 10 mil bitcoins por duas pizzas da rede Papa John.[24] A última vez que verifiquei, em 2021, essa mesma quantidade da moeda valia mais de 470 milhões de dólares.

O que Nakamoto fez foi driblar as regras centralizadas do setor financeiro, em vez de confrontá-las. Essa estratégia foi especialmente poderosa após a crise financeira: se não podemos mudar as "regras do jogo" do sistema financeiro, essa tangente mostrou que muito pode ser feito nas suas fronteiras. As criptomoedas — e o blockchain, de maneira mais geral — ampliaram os limites do que era possível às margens dos sistemas de poder convencionais.

Para melhor ou para pior, os sistemas de moeda digital abriram espaço para que muita gente começasse a driblar problemas de forma criativa. Seja você um traficante de drogas que precisa esconder dinheiro onde não pode ser rastreado, um indivíduo rico que deseja evitar o sistema tributário ou um expatriado que deseja transferir dinheiro para casa sem pagar taxas exorbitantes, hoje já é possível contornar a aplicação da lei e as organizações financeiras convencionais usando criptomoedas.

DAS MARGENS PARA O CENTRO DO SISTEMA

As tangentes de tipo túnel costumam atuar em paralelo às regras e práticas convencionais. Em alguns casos, como no uso da criptografia, as diferenças entre as tangentes e o caminho tradicional vão aos poucos se tornando menos distintas. Mas nem todas as tangentes seguem os caminhos tradicionais. Algumas rompem o *status quo* de forma dramática, criando precedentes que se alastram e alteram sistemas inteiros. Foi isso que a juíza Ruth Bader Ginsburg fez em um de seus primeiros e mais famosos casos como advogada.

A notória Ruth Bader Ginsburg

Ruth Bader Ginsburg tornou-se um ícone da cultura pop nos Estados Unidos e em outros países por sua gigantesca influência jurídica no campo da defesa dos direitos civis e por suas opiniões poderosas e divergentes em face a uma Suprema Corte inclinada ao conservadorismo. Mas, antes de se tornar juíza, Ginsburg foi uma importante acadêmica e militante pelos direitos das mulheres.

Seu caminho até a legislação pelos direitos das mulheres foi tortuoso. Apesar de suas credenciais acadêmicas impecáveis (Ginsburg foi a primeira mulher a publicar nas revistas *Harvard Law Review* e *Columbia Law Review*, e foi uma das primeiras de sua turma da faculdade de direito na Columbia University em 1959), nenhum escritório de advocacia em Nova York a contratava. Nas palavras dela, "sou judia, mulher e mãe. A primeira informação levantava uma sobrancelha; a segunda, as duas; a terceira, sem dúvida, tornava a minha contratação impossível."

Com alguma relutância, ela conseguiu um emprego na Rutgers Law School, onde aos poucos foi construindo seu conhecimento em equidade de gênero e, mais especificamente, em legislação sobre os direitos das mulheres.[25] Em suas palestras, ela costumava citar Sarah Grimké, notória abolicionista e defensora da igualdade de direitos, que disse em 1837: "Não peço vantagens por causa do meu gênero... tudo o que peço aos nossos irmãos é que eles tirem os pés do nosso pescoço."[26] Essa citação não apenas refletia a posição acadêmica de Ginsburg, como também ilustrava suas experiências pessoais como mulher em uma profissão dominada por homens.

Na década de 1960, ela mergulhou na literatura feminista. Leu contribuições feministas fundamentais e sua visão foi sendo moldada pelo feminismo sueco, que defendia que tanto os homens como as mulheres tinham de partilhar as responsabilidades parentais, os encargos e a remuneração do trabalho. Quando seus alunos na Rutgers solicitaram uma aula sobre a relação entre as mulheres e as leis, Ginsburg leu todas as decisões federais sobre os direitos das mulheres e muitas decisões de tribunais estaduais em apenas um mês. Segundo ela, "isso não foi um grande feito, pois havia bem poucas".[27]

Ginsburg tinha plena consciência de que o judiciário era injusto, mas também sabia que seria difícil combater a discriminação sexual: a desigualdade de gênero estava profundamente enraizada nas leis e nos sistemas de crenças dos poderosos — que, nem é preciso dizer, eram homens. Como então acabar com a discriminação sexual na legislação quando aqueles que dela se beneficiam são os mesmos que decidem como ela deveria ser interpretada? A Suprema Corte dos Estados Unidos era composta apenas por homens e a narrativa dominante no sistema era patriarcal.

Ginsburg sabia que aqueles que estavam no poder não apenas tinham medo de perder seus privilégios: realmente acreditavam que estavam protegendo as mulheres. Em outras palavras, julgavam que a posição das mulheres era privilegiada, pois recebiam benefícios sem compartilhar responsabilidades. Assim, da perspectiva deles, a discriminação contra as mulheres era justificável e legitimada.

O momento era propício para mudanças. Na Rutgers, Ginsburg passou a atender casos de discriminação contra mulheres. Por exemplo, ela ajudou uma ex-aluna no caso de Nora Simon, uma mulher que não conseguiu se realistar no exército depois de ter um bebê, apesar de ter colocado a criança para adoção. Esses pequenos casos ajudaram mulheres como Simon, que conseguiu regressar às forças armadas, mas Ginsburg sabia que aquilo não estava impactando as leis como um todo.

As coisas começaram a mudar nos Estados Unidos com seu primeiro caso mais famoso: uma engenhosa tangente túnel. Ginsburg diz que seu marido, Marty, advogado tributário, tropeçou no caso de Charles Moritz e o trouxe para ela. Ela prontamente recusou, dizendo que não tinha interesse em casos fiscais. Mas, quando percebeu que, na verdade, tratava-se de um caso de discriminação sexual contra um homem, Ginsburg soube que Moritz poderia derrubar a discriminação sexual dentro do sistema jurídico. Por que aquela tangente parecia tão promissora? Bem, se Ruth Bader Ginsburg pudesse provar que o sexismo institucional desfavorecia um homem — que não seria visto como um indivíduo frágil que vive no "melhor dos dois mundos" —, então ela estaria criando um precedente também para as mulheres.[28]

Moritz era solteiro e seu trabalho editorial exigia viagens frequentes. Mas lhe foi negada uma dedução fiscal pelo dinheiro que pagou a um cuidador da sua mãe dependente, de 89 anos, simplesmente por ser um homem solteiro. Era um caso evidente de sexismo, já que uma mulher solteira na mesma situação teria direito à dedução dos impostos. A professora de direito de Columbia Suzanne Goldberg explica como o caso exemplificava o sexismo no sistema judiciário dos Estados Unidos naquela época: "Aquela lei fiscal procurava dar um benefício às pessoas que tinham que cuidar de dependentes, mas ninguém imaginava que um homem faria isso."[29]

Os Ginsburgs trabalharam juntos no caso e dividiram a sustentação perante o Tribunal de Apelações do Décimo Circuito. O caso chegou a um veredito em novembro de 1972.[30] Marty era especialista em direito tributário, Ruth na legislação de gênero e, juntos, os dois convenceram Moritz a apelar e se comprometer a estabelecer um precedente, mesmo que o governo oferecesse um acordo. Ginsburg garantiu o apoio da União Americana das Liberdades Civis (ACLU, na sigla em inglês) depois de convencer seu diretor de que havia encontrado "o melhor exemplo possível para colocar a discriminação baseada no sexo contra a Constituição".[31]

No caso Moritz *versus* Commissioner of Internal Revenue, toda a estratégia dos Ginsburgs foi tortuosa. Eles tangenciaram todos os tipos de restrições e evitaram o confronto direto. Caso contrário, teriam entrado em conflito com os pressupostos e as mentalidades discriminatórias de um tribunal exclusivamente masculino. O foco foi a situação específica de Moritz: um caso aparentemente de baixo risco para o tribunal (até 600 dólares de dedução fiscal para despesas com o cuidador), e não o amplo sexismo legal que aflige as mulheres dos Estados Unidos.[32]

No banco oposto, estava Erwin Griswold — procurador-geral e ex-reitor de Ginsburg na Escola de Direito de Harvard —, que adotou uma estratégia agressiva. Sua equipe jurídica defendia que o futuro da "família norte-americana" estava em jogo no caso Moritz, e que uma decisão pró-Moritz colocaria centenas de estatutos baseados no gênero em uma situação jurídica instável, comprometendo a estrutura social do país. Eles queriam provocar os medos e os preconceitos ocultos em uma corte masculina, argumentando, por exemplo, que o caso poderia fazer as crianças voltarem da escola e não encontrar suas mães em casa, além de levar a salários mais baixos, já que as mulheres inundariam o mercado de trabalho.[33]

Usar uma tangente como tática funciona particularmente bem contra um oponente que busca o confronto. A série *On the Basis of Sex* (*Suprema*, no Brasil), a dramatização biográfica sobre Ruth Bader Ginsburg, mostra o diretor da ACLU, Melvin Wulf, instruindo-a a ser menos passional em relação aos direitos das mulheres durante um julgamento simulado: "Olha, se você não fizer com que esse caso seja sobre um homem, vai perder. Porque, para os juízes, você não está falando sobre mulheres hipotéticas. Está falando sobre as esposas deles que estão em casa fazendo a comida." Marty então dá ênfase à tática sinuosa. Mesmo que ela se depare com uma pergunta sobre a qual possua uma opinião forte, ele diz: "Você deve se esquivar. 'As mulheres devem ser bombeiros?' 'Com todo o respeito, Meritíssimo, eu não pensei sobre isso porque o meu cliente não é bombeiro.' Ou você pode levar para outro lado: 'Com todo respeito, Meritíssimo, este caso não diz respeito a bombeiros, trata-se de contribuintes e não há nada inerentemente masculino em pagar impostos.' Ou faça uma piada: 'Meritíssimo, qualquer pessoa que criou uma criança não fica intimidada com um prédio em chamas.' Então, traga-o de volta para o seu argumento."[34]

Foi isso o que fizeram no tribunal. No julgamento de Moritz, conforme conta a professora Jane Sherron De Hart, da Universidade da Califórnia em Santa Bárbara, Ginsburg "buscou esclarecer os fatos, sem ser conflituosa ou emotiva, mas tentou induzir os juízes a ver a injustiça no fato dos homens não poderem obter um benefício que as mulheres em situações comparáveis obtinham". Os Ginsburgs ganharam o caso. O Tribunal de Apelações do Décimo Circuito de Denver reverteu por unanimidade a decisão do Tribunal Fiscal, determinando que o código tributário fazia uma "discriminação injusta baseada unicamente no sexo" e era, portanto, inconstitucional.[35]

Derrubando um sistema de discriminação sexista

Ao argumentar do ponto de vista da limitação dos direitos de um homem, Ruth Bader Ginsburg e seu marido foram bem-sucedidos em estabelecer o precedente histórico de que o tratamento desigual com base no sexo é inconstitucional. Ao utilizar essa tangente, Ruth também compartilhou e aprimorou seu argumento fundamental. Na primavera de 1971, ela enviou um resumo com os principais argumentos que havia desenvolvido alguns meses antes no caso Moritz para a ACLU, cujo advogado Allen Derr se preparava para o caso Reed *versus* Reed, que seria discutido pela Suprema Corte dos Estados Unidos. Sally Reed não havia sido nomeada para administrar o patrimônio de seu falecido filho simplesmente por ser mulher.[36] Esse caso, que Ginsburg chamou de "irmão gêmeo do caso Moritz", foi o primeiro grande caso da Suprema Corte a derrubar uma lei estadual alegando discriminação contra as mulheres.[37]

Em 1972, esses dois casos em defesa tanto de homens quanto de mulheres estabeleceram precedentes para muitas das realizações posteriores de Ruth Bader Ginsburg. Curiosamente, ao defenderem que o futuro da família norte-americana estava em jogo, seus oponentes no caso Moritz *versus* Commissioner tornaram a vida dos advogados e ativistas dos direitos de gênero muito mais fácil nos anos seguintes. Erwin Griswold apelou da decisão do Décimo Circuito para a Suprema Corte, alegando que o resultado do caso Moritz *versus* Commissioner poderia "lançar uma nuvem de inconstitucionalidade" sobre um número enorme de estatutos federais. Para sustentar suas afirmações, ele apresentou uma lista chamada Apêndice E (supostamente obtida dos arquivos do Departamento de Defesa), que listava 876 seções do código legal dos Estados Unidos com referências sexistas.[38]

Griswold fez precisamente o que os oponentes costumam fazer ao serem vencidos por uma tangente: eles adotam uma tática balística, sem perceber que seu ímpeto e esforço podem ser usados contra eles mesmos. A equipe de Griswold de repente ofereceu a Ruth Bader Ginsburg e aos advogados, políticos e ativistas que defendiam ideias semelhantes uma espécie de roteiro para derrubar a discriminação sexual do sistema judicial dos Estados Unidos. A abordagem já não precisava mais ser sinuosa (envolvendo a indução dos juízes para evitar seus preconceitos ocultos). Um artigo escrito por Ginsburg um ano após o julgamento tem uma seção intitulada "Desempenho dos juízes vai de ruim a abominável", o que refletia uma mudança de estratégia.[39] Advogados, políticos e ativistas dos direitos de gênero agora podiam ser mais diretos. Com os precedentes dos casos Moritz e Reed, e o roteiro em mãos, os advogados podiam atacar cada um dos 876 códigos listados no Apêndice E, tanto pressionando o Congresso por mudanças nas leis como contestando decisões judiciais com base em discriminação sexual. Ruth Bader Ginsburg mostrou que, ao contornar obstáculos, trabalhamos primeiro com o possível, e que o uso das tangentes pode, por sua vez, mudar de forma permanente o que a sociedade considera viável, aceitável e desejável.

QUANDO USAR A TANGENTE TÚNEL?

As tangentes túnel podem ser correções pontuais que abordam os problemas de forma rápida, mas às vezes pavimentam o caminho para mudanças de fato estruturais. Essa tática exige o uso do que está disponível, e não do que é o ideal, como um adaptador de viagem ou álcool gel produzido pela LVMH. A "Pedagogia do Biscoito" e os celulares captando sons na floresta tropical são exemplos de como o que está disponível — biscoitos ou aparelhos antigos destinados ao lixo — podem assumir novos propósitos se você estiver disposto a olhar para o que é mundano com um novo olhar.

Às vezes, o uso do túnel como tangente significa separar um sistema em componentes para cozinhar um ovo na caldeira de uma cafeteira sofisticada. Outras, significa usar uma intervenção de alta tecnologia, como drones para entregas em locais remotos. Em todos os casos, usar um túnel como tangente significa evitar a complexidade na busca de um objetivo imediato. Rosie, o robô que detecta gastos públicos suspeitos no Brasil, e o desenvolvimento de tecnologias de codificação demonstram como essas intervenções aparentemente pequenas podem produzir grandes impactos. A abordagem de Ruth Bader Ginsburg nas disputas por discriminação de gênero mostra como esse tipo de tangente pode abrir precedentes para efeitos em cascata que levam a mudanças mais duradouras.

A abordagem do túnel mostra um aspecto especial de todos os tipos de tangente: eles brilham quando as soluções mais óbvias fracassam ou são impossíveis de serem executadas. Usando recursos limitados, os casos deste capítulo nos ensinam que muitas vezes o melhor passo não é focar no que seria o ideal, mas voltar os olhos para oportunidades que tendem a ser ignoradas. Os recursos estão quase sempre à nossa disposição, mesmo que de maneiras que tendemos a desconsiderar, ou que desafiam nossa lógica. Os casos nos mostram como redirecionar e reimaginar recursos, obtendo benefícios de seus usos menos convencionais. Qualquer um que já tenha dado um brinquedo a um bebê, mas o viu preferir brincar com o papel de embrulho, pode notar que o resultado não foi o esperado, mas mesmo assim deixou o bebê feliz.

Usar um túnel como tangente não necessariamente substitui a solução que julgamos "ideal" — o que seria uma abordagem mais direta. Em vez disso, essa abordagem busca contornar obstáculos e trabalhar com aquilo que é possível. Às vezes, essas pequenas fagulhas acabam iluminando possibilidades e caminhos inteiramente novos em meio a desafios aparentemente intransponíveis.

Parte II

Usando tangentes

Tangentes são inteligentes, inesperadas, econômicas e eficientes. Na Parte II, começaremos a colocar as histórias da Parte I — e também você — para trabalhar. Percorrendo o caminho desde o elemento mais conceitual até os mais práticos, refletiremos sobre como desenvolver a mentalidade certa para encontrar tangentes e explorá-las, como idealizar saídas pela tangente em diferentes ambientes e, por fim, como a sua empresa ou negócio pode ser mais amigável em relação ao uso das tangentes.

Primeiro, refletiremos de forma crítica sobre o valor de fazer desvios, abrindo o foco para permitir a possibilidade de driblar convenções — desde as regras explícitas até as normas implícitas — de forma eficaz e graciosa. Já que uma nova perspectiva sobre o não conformismo não nos ajudaria, por si só, a enfrentar nossos desafios, também investigaremos como os desvios podem nos ajudar a reformular nosso modo de pensar a respeito das informações, de recursos e oportunidades de que dispomos, e também sobre nós mesmos. Analisaremos como a mentalidade certa para a tangente exige disposição para experimentar rápido, falhar de forma produtiva e repetir o processo, em vez de realizar avaliações metódicas e definir planos de contingência.

Depois, falaremos sobre as peças fundamentais para gerar ideias de tangentes, usando as quatro abordagens explicadas na

Parte I, e discutiremos sobre como você pode colocar em prática as novas ideias que tiver. Por fim, abordaremos os desafios e oportunidades que surgem no processo de planejar as tangentes, bem como algumas recomendações relacionadas a estratégia, cultura, liderança e relações de trabalho.

5
Postura

Minha mãe é psicanalista. Na minha adolescência, a maioria dos meus amigos questionava as regras dos pais por meio de confronto direto. Eu também tentei essa abordagem, obviamente, mas no meu caso pareceu inútil: bastava que minha mãe levantasse as sobrancelhas para me lembrar quem mandava. Até o dia em que descobri que o melhor caminho seria usar o jargão da psicanálise, ou seja, os termos e frases que com frequência estavam sublinhados em seus muitos livros. Passei a atribuir meus erros a, por exemplo, "manifestações do meu inconsciente" ou às minhas "pulsões de morte". Pega de surpresa, minha mãe ria e fazia piadas, ou iniciava uma explicação detalhada sobre como eu havia empregado o conceito equivocadamente. Seja como for, a tática a distraía com sucesso da função de me disciplinar.

O mundo está cheio de pessoas desviantes. Enquanto alguns ficam de castigo ou acabam na prisão, outros se safam. Na Parte I, contei histórias desse último tipo. Descrevi como alguns indivíduos contornam obstáculos com sucesso. E, embora suas ações possam ser moralmente ambíguas em alguns casos, elas são eficientes em abordar de forma rápida e pragmática todos os tipos de problemas complexos.

No entanto, ao ler a Parte I, você pode ter se sentido em conflito moral com alguns dos exemplos de saídas pela tangente. O que acontece quando sugerimos que todos ignorem intencionalmente as regras? O que acontece quando ignorar as regras se torna a regra geral?

Como é da natureza humana jogar de acordo com as regras e julgar quem as rompe, muita gente acredita que o mundo precisa de uma aplicação mais rígida da ordem e da disciplina sobre aqueles que desviam do padrão. Mas eu, particularmente, acho que não desviamos o suficiente.

Neste capítulo, falaremos sobre cinco incentivos instigantes que o levarão a se tornar uma pessoa mais desviante. Você aprenderá que nem sempre o conformismo é preferível, que muitas vezes deixamos de perceber até mesmo as regras que nos atrasam, que algumas não passam de um meio de exercer poder, que muitas vezes culpar os desviantes faz mais mal do que bem, e que o desvio é diferente e mais transformador do que a desobediência. Vamos concluir classificando as abordagens para o desvio e explicando como as tangentes permitem que você faça isso de forma elegante e eficaz.

NEM SEMPRE É PREFERÍVEL SE CONFORMAR

Somos criados para pensar que o conformismo é sempre preferível, e que a sociedade precisa de pelo menos algumas regras de autoridade para restringir nossa tendência de prejudicar os outros. Mas por que achamos que essa é a melhor maneira de evitar danos?

O contrato social

Comecemos pelo pai da psicanálise, Sigmund Freud. Em *O mal-estar na civilização*, Freud detalha nossas tendências inatas de prejudicar os outros: "Os homens não são criaturas gentis que desejam ser amadas... o seu próximo, para eles, é não apenas um ajudante potencial ou objeto sexual, mas também alguém que os tenta a satisfazer sobre eles a sua agressividade, a explorar sua capacidade de trabalhar sem compensação, utilizá-lo sexualmente sem o seu consentimento, apoderar-se de suas posses, humilhá-lo, causar-lhe sofrimento, torturá-lo e matá-lo." Freud então pergunta retoricamente: "Quem, diante de toda a sua experiência de vida e história, teria a coragem de contestar essa afirmação?"[1]

Segundo Freud, temos uma predisposição inquestionável para agir de acordo com nossos instintos nocivos, e ele não foi a primeira nem a única pessoa a pensar desse modo. "O homem é o lobo do homem", diz o antigo provérbio latino. Essa suposição generalizada justifica o que filósofos morais e políticos como Thomas Hobbes e Jean-Jacques Rousseau chamam de contrato social: para viver em sociedade e garantir o bem-estar coletivo, precisamos sacrificar as liberdades individuais ao Estado, concedendo-lhe a autoridade para criar e impor regras.[2]

Parece razoável, certo? Todos estamos familiarizados com a ideia de que temos que estar em conformidade com a lei e, se não o fizermos, seremos punidos. Pressupomos que, sem disciplina, viveríamos em uma anarquia brutal. O problema é que o contrato social nos faz acreditar que o conformismo é sempre preferível: que nossa conformidade incondicional faz parte de um processo de humanização que sufoca nosso aspecto selvagem e nos liberta de nossos instintos naturais prejudiciais.

De fato, às vezes podemos agir com base em instintos animalescos, mas por que acreditamos que a selvageria supera todos os outros instintos naturais e comportamentos indesejáveis?

E se as regras forem injustas?

Comparar apenas os nossos instintos nocivos com os dos animais selvagens esconde mais do que revela. Na verdade, às vezes podemos, sim, agir com base em instintos animalescos; porém, como ovelhas, também gostamos do conforto de fazer parte do rebanho. Como leões, com fêmeas carregando o dobro do fardo dos machos, caçando e cuidando dos filhotes. Tal como abelhas, com milhares de operárias sustentando as atividades de reprodução da rainha.

Uma forma melhor de olhar para o conformismo e para as atitudes desviantes é nos compararmos com as máquinas. Conformismo significa fazer o que nos é dito ou o que fomos programados a fazer. Quando agimos dessa forma, não avaliamos criticamente nossas opções, tampouco agimos com base em decisões autônomas e conscientes. Mudar a analogia nos faz perceber que o comportamento desviante é o que nos humaniza — é justamente o que faz com que nos destaquemos dos demais.

Os piores danos já causados à humanidade foram perpetrados e validados por pessoas que seguiram um sistema de regras — e é por isso que precisamos desafiar o contrato social. Temos uma tendência a seguir ordens sem pensar, inclusive as mais prejudiciais. Basta pensar na escravidão, o outrora legítimo direito de possuir seres humanos, privando-os dos seus direitos mais básicos. Não seria difícil se lembrar de outros exemplos do passado sobre comportamentos que hoje consideramos terríveis — e, se pensarmos de forma crítica, identificaremos também exemplos contemporâneos. A trama se repete com mais frequência do que pensamos. Os protagonistas e os contextos podem mudar, mas o aspecto central é que o conformismo incontestável frente a regras injustas causa danos.

Os perigos do conformismo

Hannah Arendt, uma sobrevivente do Holocausto, foi uma das teóricas políticas mais influentes do século XX. Em 1961, ela cobriu o julgamento de Adolf Eichmann em Jerusalém para a revista

The New Yorker.³ Depois, Arendt publicaria o livro *Eichmann em Jerusalém: um relato sobre a banalidade do mal*, um texto revelador sobre os perigos de agir conforme as regras.⁴

Capturado na Argentina, Eichmann tinha sido o encarregado de organizar e facilitar o encarceramento e o extermínio em massa de judeus em campos de concentração. Ao cobrir o julgamento, Arendt argumentou que, em vez de um monstro patológico, Eichmann era um burocrata tranquilo, cegamente conformado a obedecer às regras. Nas palavras dela, ele era "terrível e assustadoramente normal": seus crimes eram alimentados pelo conformismo, não por um apetite assassino.⁵ Arendt cunhou o famoso termo "banalidade do mal" para descrever como mesmo os crimes mais horrendos podem ser rotinizados e implementados sem indignação moral por parte das pessoas que seguem regras.⁶

Culpamos Eichmann precisamente pela sua incapacidade de pensar criticamente e de desafiar as regras impostas pelo nazismo. Mas se nós, como Eichmann, também temos a tendência de nos conformar com as regras, será que agiríamos de forma semelhante nas mesmas circunstâncias?

Um resultado chocante

Inspirado na cobertura que Arendt fez do julgamento de Eichmann, Stanley Milgram, psicólogo social norte-americano, conduziu um famoso estudo durante a década de 1960, conhecido como experimentos de Milgram, enquanto atuava como membro do corpo docente da Universidade de Yale. Ele descobriu que as pessoas tendem a estar de acordo com as regras, mesmo que isso signifique machucar outras pessoas. Ele projetou um experimento de interpretação de papéis que testava até que ponto os voluntários seguiriam as ordens que foram levados a acreditar que envolviam a administração de choques a outras pessoas. Os participantes aumentavam gradualmente a tensão dos choques à medida que uma figura de autoridade solicitava que o fizessem. O resultado foi chocante: 65% dos voluntários estavam totalmente conformados e administraram o choque máximo de 450 volts, capaz de matar uma pessoa, enquanto 35% dos participantes se conformaram parcialmente, indo até 300 volts.[7]

Esse e muitos outros estudos demonstram que somos basicamente conformistas, mesmo nos casos em que, olhando em retrospecto, podemos ver que a atitude moral a tomar — não eletrocutar pessoas — é bastante indiscutível. Os experimentos de Milgram mostraram até onde estamos dispostos a obedecer à autoridade, e que os "monstros" não são muito diferentes do restante de nós.

Da mesma forma, quantas vezes você já ouviu ou disse: "Só estou fazendo o meu trabalho" ou "Só estou seguindo as regras", para justificar ações que você sabia serem injustas? O problema é que, quando aceitamos cegamente a ordem e a disciplina que as autoridades impõem, ignoramos que as regras não são necessariamente justas. Em outras palavras, não há nada inerentemente positivo em segui-las, e não há nada inerentemente negativo em desviar delas.

NÃO PERCEBEMOS QUE AS REGRAS NOS PARALISAM

Somos conformistas não necessariamente porque escolhemos ser, mas porque as regras nos deixam entorpecidos. Regras servem a um propósito: nos livrar do fardo cognitivo do raciocínio e de um processo exaustivo de deliberação em todas as situações da vida. Ou seja, as regras nos ajudam a saber como responder sem ter que pensar muito. Elas criam previsibilidade e familiaridade e, por essa mesma razão, geralmente não prestamos atenção em como elas moldam nossa forma de pensar e agir.

Regras explícitas *versus* regras implícitas

As regras variam de decretos de autoridades até tradições que moldam nossos costumes e crenças.[8] Como no caso dos limites de velocidade, com frequência somos lembrados de regras formais, definidas e aplicadas pelo Estado. As regras de autoridade, no entanto, nem sempre são codificadas, e se estendem para além do Estado. Pais que não deixam um filho adolescente furar a orelha; uma igreja que exige que os solteiros se abstenham de relações sexuais; editores de periódicos acadêmicos que não me permitem publicar minha pesquisa se usar um método pouco ortodoxo para coletar e analisar dados. Algumas dessas regras podem ser reconhecidas publicamente e outras podem não ser citadas explicitamente. Formalizadas ou não, estamos muito cientes desses tipos de regras, porque as autoridades nos lembram o tempo todo de sua existência e as aplicam de forma consistente.

Diferentes das regras oficiais, nossas tradições ocultam as normas sociais mais imperceptíveis. Muitas são invisíveis em nossa experiência porque, como diz o filósofo francês Pierre Bourdieu, "o essencial permanece implícito porque indiscutível e indiscutido".[9] As regras, portanto, nos guiam em silêncio através de nossas interações relacionais. Muitas vezes é bom segui-las e se conformar a elas. O problema é que elas nem sempre são desejáveis, e quanto mais estamos expostos a elas e as seguimos, mais deixamos de pensar em alternativas.

Pense em como você se comporta de maneira diferente com amigos em um bar, com seus colegas de trabalho, com sua família em casa ou com estranhos em um clube. Não há regras explícitas que digam que você precisa ser alegre em um bar, lúcido no local de trabalho, atencioso em casa e entusiasmado em um clube. Mas você meio que tem que ser, não é mesmo? Afinal, você não quer parecer muito diferente das outras pessoas.

Seguindo o contexto

As regras sociais raramente são universais. O contexto é importante. Podemos pensar em como elas afetam nossas vidas por meio de uma analogia esportiva criada por Douglass North, um economista norte-americano e ganhador do Nobel conhecido por seu trabalho sobre mudanças institucionais. Existem as "regras do jogo", aquelas que definem como os jogadores pensam e agem em cada circunstância.[10] Na NBA, por exemplo, há algumas regras formais e codificadas, como a duração da partida, o número de jogadores de cada lado e o que constitui uma falta — todas as quais são aplicadas e conferidas por uma autoridade, o árbitro. Mas outras normas de costume também se dão dentro e fora da quadra, mesmo que não sejam estritamente impostas aos jogadores ou aplicadas por um árbitro. Por exemplo, nas finais da Conferência Leste de 1991, os jogadores do Detroit Pistons saíram da quadra ainda com alguns segundos restantes no cronômetro só para não ter que parabenizar os vencedores, o Chicago Bulls. Décadas depois, os fãs de basquete ainda lembram daquele desrespeito às normas do espírito esportivo.

Na vida, somos jogadores em diferentes tipos de jogos, dependendo dos nossos respectivos contextos. Embora a maioria das regras possa ser categorizada como formal ou informal, ou como de autoridade ou de costume, elas costumam vir em conjuntos, moldando o que vemos, como agimos e o que se espera de cada um de nós.[11] Muito raramente fazemos um esforço ativo para analisar as regras que moldam nossos comportamentos porque são elas que justamente nos permitem compreender o que nos rodeia. Mas, mesmo quando passam despercebidas, elas continuam definindo o que consideramos adequado, aceitável, viável ou desejável. Em outras palavras, as regras muitas vezes são tão normalizadas que não questionamos a sua moralidade e deixamos de pensar nos desvios como uma opção viável.

As regras nos oferecem atalhos cognitivos: táticas mentais práticas que nos ajudam a tomar decisões de forma rápida, sem parar para pensar sobre nosso curso de ação. Ou seja, querendo ou não, elas reduzem a carga cognitiva da tomada de decisão[12] e, por isso, na maioria das vezes, não escolhemos nos conformar a elas de forma intencional. Pela mesma razão, sair pela tangente pode ser libertador: nos permite pensar de forma crítica. Você vai fazer o que é esperado ou vai definir seu próprio caminho?

REGRAS EXERCEM PODER

O conformismo pode ser muito prejudicial e, nesse sentido, desvios são cognitivamente libertadores. Mas há ainda outro motivo para desviar das regras, que aprendi com o filósofo francês Michel Foucault. Segundo ele, cada período da história tem sua própria "episteme": suposições dominantes do conhecimento, muitas vezes implícitas, que determinam o que é possível ou aceitável, uma vez que influenciam a maneira como entendemos o mundo, nossos valores, nossos métodos preferidos e nosso senso de ordem. Essas suposições não se distinguem entre verdadeiras ou falsas, mas entre o que pode ou não ser considerado científico. Isso é importante porque tais suposições se tornam formas cientificamente justificáveis para a imposição da ordem social e para o exercício de poder.

Em seu livro *História da loucura*, Foucault expõe como a categoria científica da "loucura" acomodou, estigmatizou e ostracizou os pobres, os doentes, os desabrigados e muitos outros membros marginalizados da sociedade francesa no século XVIII. Os "loucos" — ou seja, pessoas que não se encaixavam nos interesses morais, ideológicos ou produtivos das classes dominantes — tornaram-se o "outro", o "incorrigível". Essa categoria incluía, por exemplo, estudantes indisciplinados, trabalhadores preguiçosos ou que se revoltassem contra seus chefes, criminosos reincidentes, profissionais do sexo e apostadores. Os aparatos disciplinares usuais (escolas, fábricas, igrejas e afins) não conseguiam colocar essas pessoas na linha. Ao alegar "neutralidade científica", explica Foucault, tratamentos médicos modernos para insanidade ocultaram instrumentos poderosos de controle social para se livrar de indivíduos indesejáveis. Portanto, o conhecimento científico serve de justificativa para regras que exercem poder e impõem disciplina aos outros.[13]

As contribuições de Foucault podem parecer abstratas, então vejamos um exemplo histórico. Em 1958, Clennon King Jr., professor da Alcorn State University em Jackson, Mississippi, foi internado à força em um manicômio após se inscrever para uma pós-graduação na Universidade do Mississippi: o juiz decidiu que uma pessoa negra só podia ser "louca" para acreditar que poderia ser admitida na universidade. A luta contínua de King pelos direitos civis, incluindo a sua candidatura à presidência dos Estados Unidos, valeu a ele a alcunha de "Dom Quixote Negro".[14] Além de ser excluído por uma imposição que ele supostamente deveria reconhecer, King teve ridicularizada a sua tentativa de se desviar da situação, de desafiar as regras que o excluíam.

Esses não são casos isolados; o "enlouquecimento dos outros" é algo muito mais difundido do que imaginamos. Por exemplo, pense em como chamar as mulheres de "loucas" ou "histéricas" minimiza suas frustrações e discordâncias, silenciando ou envergonhando-as. Marginalizar os outros com base em suposições de conhecimento socialmente aceitas é uma forma comum e sutil de impor ordem e controle. Isso eleva a posição de quem está no poder em qualquer contexto social, permitindo colher benefícios e assumir uma posição de superioridade moral a fim de justificar desequilíbrios de poder com base na "neutralidade científica".

Isso não significa que não existam pessoas "loucas". O problema que Foucault levanta não debate se uma observação científica é verdadeira ou falsa, mas sim que tais pressupostos de conhecimento têm origem em dinâmicas de poder e se transformam em fontes de poder. Embora nos ajudem a classificar e impor ordem ao mundo, eles também criam e reforçam hierarquias sociais que refletem os status de privilégio e as desigualdades existentes.[15] Esse padrão permite que pessoas com credibilidade e autoridade transformem suposições em regras que beneficiam mais a si mesmas do que a outros grupos e, por vezes, até mesmo tiram proveito desses outros grupos.

"Loucura" não é o único rótulo usado para deslegitimar as tentativas de desafiar as estruturas de poder. Talvez você já tenha ouvido falar de economistas neoliberais que dão primazia ao capitalismo de livre mercado e são geralmente associados às políticas de liberalismo econômico, incluindo a desregulamentação e a austeridade nos gastos governamentais. Eles defendem as "regras do mercado" como única forma de crescer e prosperar: sua "mão invisível" regularia tudo em nosso benefício e, segundo eles, a interferência do Estado só prejudicaria o bem-estar social. Mas quando pressupostos como as "regras do mercado" são tratados como verdades por si só inquestionáveis, podemos ser levados a esquecer de perguntar a nós mesmos: por que essas regras existem? Quem se beneficia com elas?

Porque, de acordo com esses economistas e muitos agentes políticos por eles influenciados, o mercado é autorregulável, a interferência é vista como ilegítima ou mesmo prejudicial. Contudo, se considerarmos o que eles dizem como inquestionável, não perceberemos como o poder é exercido por meio dessa regra científica. Pense por um segundo: quem, de fato, se beneficia quando tratamos políticas econômicas de *laissez-faire* como inevitáveis em um mundo onde os 26 indivíduos mais ricos concentram uma riqueza equivalente à dos 3,8 bilhões mais pobres (que correspondem a 50% da humanidade)?[16]

Mesmo quando queremos desafiar as regras científicas, temos dificuldade de encontrar oportunidades para desvios. Como os valores e interesses dos grupos dominantes vêm disfarçados de fatos cientificamente neutros, somos em geral tratados com condescendência quando pensamos diferente. Por exemplo, caso você queira contestar as políticas econômicas de austeridade com base nas evidências da crescente desigualdade de renda, prepare-se para ouvir reprimendas explicando como as "regras do mercado" controlam "o funcionamento da economia".

Quando as suposições se tornam regras, o poder é exercido de forma sutil, mas eficaz. Os "outros" ficam com um sentimento de impotência e resignação. É por isso que é importante desconstruir pressupostos de conhecimento e revelar os valores e interesses que eles escondem. Só assim poderemos lutar contra a retirada de direitos e agir ativamente para desafiar as injustiças.

CULPAR OS DESVIANTES TRAZ MAIS PREJUÍZOS QUE BENEFÍCIOS

Agora que já vimos como as regras são sistemas que beneficiam quem está no poder, e não necessariamente verdades que nos mantêm seguros, deveríamos culpar os desviantes que decidem não se conformar a elas?

Vigiar e punir

Antes de falarmos sobre o que deveríamos fazer, vejamos primeiro o que já fazemos — novamente, com a ajuda de Foucault. Em *Vigiar e punir*, ele examina como as prisões se tornaram o mecanismo mais convencional de controle social. O sistema prisional ganhou força após o Iluminismo (mesmo período que nos deu o contrato social), quando a prisão foi considerada uma alternativa reformista à tortura e às execuções públicas. As prisões supostamente representavam uma forma mais humanitária de manter a ordem e garantir o bem-estar social.

Foucault afirma que a prisão não é apenas uma maneira mais gentil de impor ordem e disciplina, mas também mais eficaz. Na Idade Média, o objetivo da punição era promover o medo entre os possíveis transgressores e expressar a autoridade suprema dos governantes. O problema era que os governantes às vezes enfrentavam uma reação que invertia a lógica: os condenados poderiam se tornar heróis ou mártires, e os governantes e executores poderiam ser vistos como bandidos. Esse risco pôde ser evitado quando a execução pública foi substituída pelo encarceramento, porque a prisão não é vista como propositadamente cruel. Em vez de ver condenados chorando, sangrando e implorando por misericórdia em uma praça pública, os trancafiamos longe dos olhos da sociedade e os submetemos a um processo gradual de desumanização.

Segundo Foucault, o método disciplinar de encarceramento é tão eficaz que se expandiu para outros âmbitos sociais, como hospitais, escolas e fábricas. Nos dias de hoje, as competências reproduzíveis, os movimentos, o tempo, a velocidade e a vigilância nos disciplinam muito mais do que a força bruta: alunos devem aprender a se comportar numa sala de aula, trabalhadores devem obedecer aos seus gestores e enfermos devem seguir as ordens dos seus médicos. Em outras palavras, nos dizem onde devemos estar, somos sempre monitorados e implacavelmente subjugados aos mandamentos da autoridade profissional.

Além disso, ninguém pode ser acusado e culpado se as coisas derem errado. Foi assim que as prisões se tornaram um meio muito eficaz de exercer o poder disciplinar: culpamos os indivíduos pelos crimes, mas não podemos culpá-los pela punição.[17] Quem é responsável e quem seria punido no caso de uma condenação injusta? Podemos tentar acusar o juiz, a polícia, a testemunha, o advogado, a vítima, os métodos forenses ou até o presidente. Mas, ao contrário de quando uma execução é ordenada por um governante, não podemos apontar uma pessoa responsável por colocar outra pessoa indevidamente na prisão.

Mas é nesse ponto que nossa incoerência fica evidente. A maioria de nós concordaria que, no âmbito moral, não podemos simplesmente culpar os juízes por condenações negligentes. Então, por que achamos que deve haver uma explicação ou abordagem que coloque de forma direta a culpa pela criminalidade apenas nos indivíduos? Se entendemos a criminalidade como um problema complexo, também devemos entender que ela não pode ser explicada exclusivamente pelas transgressões de uma pessoa.

Marginalizados

Da mesma forma que não podemos mais pensar no conformismo como nossa única opção, não acredito que os indivíduos sejam sempre a causa dos males da sociedade. Muitas vezes culpamos os indivíduos quando eles violam a lei, sem perceber que eles podem ter seguido um conjunto diferente de regras, não codificadas de forma legal, mas que, no entanto, ditam o que é aceitável, desejável e viável em seus respectivos contextos.

Nossa tendência é pensar que os criminosos são desviantes que ameaçam a vida social e violam o contrato social. Afinal, todos assistimos sucessos de bilheteria sobre psicopatas: "Eu comi o fígado dele com favas e um bom Chianti", diz o dr. Hannibal Lecter em *O silêncio dos inocentes*.[18] Filmes como esse são tão memoráveis e fascinantes que não conseguimos enxergar como, na vida real, psicopatas são estatisticamente insignificantes. Na prática, não é esse o tipo de pessoa que punimos por desvios, como explica Ruth Wilson Gilmore, professora ativista que pesquisa a respeito das prisões. Com base em estatísticas sobre dados demográficos carcerários, seu livro *Golden Gulag* [Gulag de Ouro, em tradução livre] mostra que as prisões não estão cheias de pessoas fora do comum, que não conseguiram conter seus instintos animais, mas sim de pessoas que foram abandonadas.[19]

Em ambientes onde a atividade criminosa é a regra, infringir a lei não o torna necessariamente um desviante. Contraintuitivamente, muitas pessoas na prisão obedeceram a algumas "regras do jogo", que não são aquelas impostas pelo sistema de justiça criminal. Mafiosos, gangsters e traficantes de drogas têm códigos de conduta. A deslealdade, por exemplo, pode ser classificada como algo pior do que cometer homicídio. Membros de grupos criminosos obedecem a um conjunto de regras sobre as quais se organizam a fim de desviar intencionalmente das leis do Estado.[20] Eles se conformam e se desviam simultaneamente de diferentes conjuntos de regras. E é por isso que a conformidade, o desvio e a moralidade precisam sempre ser contextualizados.

Culpar a pessoa por problemas complexos não é apenas impreciso: fazer isso desvia nossa atenção e esforços para o nível individual, em vez de focarmos nas causas que produziram os problemas em primeiro lugar. Ou seja, é contraproducente e geralmente cria uma prática de autorreforço que causa mais mal do que bem. Quanto mais culpamos os desvios individuais, mais ignoramos as raízes de nossos problemas. Quando nos afastamos da culpa individual, observamos que as causas estão em todos os tipos de regras — formais ou informais, de autoridade ou de costume — que definem como pensamos e como agimos, e também o que a sociedade espera de nós. É por isso que o melhor é examinar e desafiar as "regras do jogo" em vez de culpar os jogadores. Não é apenas mais justo, como também muito mais eficaz.

DESOBEDECER ≠ DESVIAR

O ser humano é conformista, mas isso não significa que sejamos ingênuos ou que cumpramos cegamente as regras. Para entender os limites dos desvios, temos que compreender que desobediência não é o oposto da conformidade. A desobediência vai abertamente contra o sistema, e o sistema quase sempre age em retaliação. O desvio, por outro lado, é mais complexo. Tal como muitas das tangentes que discutimos na Parte I, o desvio implica abordagens não convencionais que usam as partes do *status quo* que funcionam (conforme a intenção ou não) para mudar as partes que não funcionam.

Certa vez, ouvi uma história sobre um professor de química do ensino médio, muito benquisto pelos alunos, que permitiu que todos levassem uma folha de papel A4 para um teste com consulta. "Vocês poderão usar como auxílio durante o exame tudo o que couber nesse espaço", disse ele aos alunos. Alguns se esqueceram e apareceram de mãos vazias, mas a maioria aproveitou a situação e encheu uma página com o máximo de fórmulas possível. Alguns pensaram que não seriam pegos se usassem folhas um pouco maiores. Quem a olho nu notaria uma diferença de alguns milímetros? Mas o professor se antecipou a esse tipo de desobediência e mediu a folha de cada aluno, rasgando e jogando fora as muito grandes. Uma aluna se destacou quando chegou para fazer o exame com uma folha totalmente em branco no tamanho solicitado. Ela então colocou o papel no chão e pediu ao professor que ficasse em cima dele durante o teste. Impressionado com sua engenhosidade, o professor concordou e respondeu calmamente às suas questões. Não sei se a história é verdadeira (suspeito que não seja), mas ela resume perfeitamente a postura atenciosa, inquisitiva e ousada que caracteriza a abordagem dos desviantes em oposição aos desobedientes.

Agora examinemos mais de perto as diferenças entre desobediência e desvio com exemplos de trapaças, para que possa convencê-lo a olhar com mais simpatia para a atitude de quem desvia.

O custo da mentira

Você deve se lembrar de como Lance Armstrong caiu em desgraça. Com sua reputação manchada e seus sete títulos do Tour de France retirados, Armstrong foi considerado um "trapaceiro em série" pela Agência Antidoping dos Estados Unidos, e responsabilizado pelo que ficou conhecido como um dos programas de doping mais sofisticados que qualquer esporte já viu.[21] Embora muitos o vejam como uma exceção, trapacear não é tão raro. A primeira pesquisa em grande escala sobre trapaça, publicada em 1964, trouxe dados de estudantes de 99 faculdades dos Estados Unidos, e revelou que três quartos dos estudantes já se envolveram em um ou mais casos de desonestidade acadêmica.[22]

A trapaça, no entanto, não acontece apenas na dianteira de uma corrida ou no fundo de uma sala de aula. Um estudo publicado pela *Nature* em 2005 descobriu que um terço dos cientistas observados se envolveu em práticas de pesquisa questionáveis, incluindo má conduta como falsificar dados e alterar os resultados para agradar as agências de financiamento. Muitos desobedecem às regras sobre rigor metodológico e transparência, mas apenas alguns são pegos.[23] O caso mais tragicômico que conheço é o do professor de Harvard Marc Hauser, biólogo evolutivo. Hauser foi considerado culpado de fabricar dados, manipular resultados experimentais e descrever incorretamente como seus estudos foram conduzidos.[24] A parte cômica é que, mais de uma década antes de ser pego, Hauser publicou um artigo com o seguinte título: "O custo da mentira: trapaceiros são punidos entre os macacos-rhesus".[25]

Por que a desobediência é tão comum? E, mais importante, em que circunstâncias ela ocorre? Vou responder a essas perguntas, mas não agora. Primeiro, vamos tentar fazer um experimento mental.

Você é um trapaceiro?

Vamos supor que você esteja fazendo um exame final importante na faculdade, competindo contra milhares de outros estudantes por uma bolsa de estudos de prestígio. Você seria capaz de trapacear?

Não? Espere. E se você ouvisse de um colega que o corpo docente não está nem aí para quem trapaceia? Ao que tudo indica, os professores não suportam os longos procedimentos burocráticos necessários para punir uma trapaça, por isso evitam o "flagra" a todo custo. Você trapacearia agora que sabe que as regras são aplicadas de maneira tão flexível?

Ainda não? Então você dá uma olhada rápida na sala e vê seus concorrentes trapaceando, porque eles também sabem que ficarão impunes. Se você não fizer o mesmo, estará em desvantagem. Será que isso liberta o trapaceiro que existe em você?

De repente, a trapaça se tornou mais justificável moralmente, certo? Como bem indicado por um importante estudo de economia comportamental: "As pessoas agem de forma desonesta o suficiente para lucrar, mas honestamente o suficiente para se iludirem a respeito da própria integridade."[26] Somos todos um pouco desobedientes, desde que isso não nos destaque muito da multidão.

Desviar > Desobedecer

Por isso é tão importante diferenciar os desvios, que são o oposto do conformismo, da desobediência, que é o oposto da obediência. Nós nos conformamos às verdadeiras "regras do jogo": desobedecê-las parece moralmente aceitável quando isso nivela a disputa. Isso explica por que, quando somos confrontados com nossos deslizes, nossas respostas se assemelham às de crianças em postura defensiva: "Mas, mãe, todo mundo faz também!" Justificamos a nossa desobediência mencionando a nossa conformidade com a multidão.

Tente refletir sobre seus deslizes diários — não deve ser muito difícil identificar algumas situações em que você ache a desobediência algo razoável. De minha parte, não espero pela luz verde do pedestre toda vez que atravesso a rua no Brasil. Mas, quando morei na Alemanha, me senti pressionado a esperar junto com os outros pedestres, porque ninguém mais estava atravessando. Ambos os casos mostram minha conformidade, mas no Brasil eu simultaneamente me conformo e desobedeço. Com essa nuance, percebemos que a desobediência só é desviante quando se destaca do que é visto como prática normal ou padrão em nossos respectivos contextos.

Portanto, aqui estão dois grandes motivos pelos quais você deveria encarar os desvios com mais simpatia. Primeiro, ao contrário da desobediência, o desvio é transformador. Ele envolve pensamento crítico e desafia o *status quo*. Segundo, embora a desobediência o torne responsável pela quebra de regras, o desvio não precisa ser hostil — basta pensar em como as muitas tangentes da Parte I demonstram ser possível destacar-se da multidão sem quebrar as regras.

Agora que convenci você do valor de uma atitude desviante, vejamos diferentes abordagens para o desvio, e como as tangentes nos permitem desviar de maneira mais eficaz e graciosa do que as outras abordagens.

ABORDAGENS PARA O DESVIO

Regras são coisas tão traiçoeiras que se tornam parte de nossos pensamentos e identidades. Nós nos conformamos porque ficamos entorpecidos com elas. Mas se ficar conformado não é a grande solução que esperávamos, o que fazer? Como podemos escapar de um sistema que beneficia quem está no poder, que nos leva a diagnosticar mal nossos problemas e que nos pune quando desobedecemos?

Quando nos vemos presos num sistema de regras injusto, o desvio proporciona uma saída. Permite-nos olhar para as nossas necessidades e tentar mudar o *status quo*. Como os desviantes se destacam da multidão, o senso comum diz que ser desviante depende apenas de características pessoais. Felizmente, o desvio não é um caso de "ou você nasce assim, ou não". Trata-se muito mais de uma atitude aprendida do que de um talento inato.

De forma geral, penso que existem três abordagens principais para o desvio: confronto, negociação e tangentes. Cada estratégia tem os seus pontos fortes e fracos, mas apenas uma — a tangente — é acessível, produz retornos rápidos e minimiza as consequências do fracasso.

As três abordagens para o desvio

Para libertar o nosso potencial desviante, é preciso compreender três diferentes abordagens. Estamos propensos a usar algumas delas, mas outras podem nos assustar.

CONFRONTO

Uma abordagem de confronto significa quebrar regras às vezes, e sempre enfrentar as estruturas de poder dominantes.

NEGOCIAÇÃO

Podemos desviar ao nos envolvermos em negociações de longo prazo, durante as quais os agentes se organizam lentamente e pressionam as figuras de autoridade para legitimar mudanças no sistema de regras.

TANGENTES

Por meio de tangentes, podemos prontamente realizar e desafiar o *status quo* sem ir diretamente contra os responsáveis por aplicar as regras.

Não existe um método melhor: existe o mais adequado, dependendo dos seus objetivos, recursos e circunstâncias. Os dois primeiros são muito mais complicados do que uma tangente. Para melhor compreensão, vamos compará-los com a abordagem da tangente.

Confronto *versus* tangente

O medo da punição geralmente nos impede de quebrar abertamente as regras. Pense em como o dr. Martin Luther King Jr. confrontou as regras dominantes por meio da desobediência civil: ele foi acusado de violar muitas disposições do código penal norte-americano, como perturbar a paz, realizar marchas sem permissão, invadir, promover difamação criminal e conspiração. Esse desrespeito às regras era parte de um longo caminho até a mudança das leis discriminatórias nos Estados Unidos, mas é evidente que isso teve um custo. Em sua "Carta da prisão de Birmingham", ele observou, "aquele que rompe uma lei injusta deve fazê-lo abertamente, amorosamente, e com disposição para aceitar a punição (...). Afirmo que um indivíduo que rompe uma lei que sua consciência diz ser injusta, e que aceita de bom grado a pena de prisão como forma de despertar a consciência da comunidade por causa de sua injustiça, está, na verdade, demonstrando um respeito ainda maior pela lei." Ao ser punido por romper uma regra injusta, o transgressor se torna uma prova viva da injustiça, possivelmente motivando outras pessoas a se juntarem à causa em busca de mudanças.[27]

Nem todo mundo tem a serenidade e a força de vontade do dr. King para "aceitar a punição" da prisão. Todos sabemos que, se violarmos as regras, corremos o risco de punição e até outras formas de represália — como o que aconteceu com o dr. King, que não apenas foi preso, como também assassinado. Quebrar abertamente as regras é uma aposta muito alta para a maioria de nós.

Em vez disso, as tangentes fornecem uma alternativa de baixo risco para os desviantes. Ela é particularmente poderosa porque, como Rebecca Gomperts — uma das dissidentes cuja história você leu na Parte I — me disse: "Quando as pessoas superam o medo da reação negativa, elas podem, na verdade, fazer muito mais do que foram levadas a acreditar." Rebecca desafiou abertamente as leis restritivas ao aborto e os interesses de poderosos grupos conservadores. Mas, como contornou as regras em vez de violá-las, Rebecca não pôde ser legalmente responsabilizada pelo desvio. Com ela, aprendi que as tangentes podem ser oportunidades para desviar das regras sem ficarmos expostos aos tipos de riscos que podem nos paralisar.

Negociação *versus* tangente

A segunda abordagem, baseada em negociação e mobilização, traz um risco bastante baixo. Sua principal limitação é que, para ser bem-sucedida, quase sempre depende de apoio de dentro das estruturas de poder. Pense em como os movimentos sociais, que apesar de exercerem pressão por mudanças necessárias, raramente têm um grande impacto se não forem endossados por pessoas que ocupam posições de poder, como legisladores, juízes e empresários. Ganhar apoio, mobilizar e coordenar os agentes capazes de mudar as regras leva tempo, recursos e algum grau de acesso às estruturas de poder dominantes.

Como disse Paul Freund, jurista norte-americano e professor de direito de Harvard: "O Tribunal nunca deve ser influenciado pelo clima de um dia, mas é inevitável que seja influenciado pelo clima de uma época."[28] Embora as mudanças nas regras (e sua interpretação) possam refletir o clima de uma época, se você está preocupado com a chuva de hoje e não quer ficar ensopado, talvez seja melhor desviar dessas regras.

A vantagem da tangente

Tangentes são opções viáveis e de menor risco para quem precisa desviar das regras, e podem produzir recompensas potencialmente enormes. Mas só porque exigem menos esforço do que a negociação e o confronto, não quer dizer que sejam menos valiosos. Afinal, não há vergonha em colher os frutos que estão ao alcance da mão. Podem ser tão saborosos quanto os que estão no alto da árvore, mas você não corre o risco de se machucar tentando alcançá-los.

Contudo, não se trata apenas de obter resultados bons o suficiente fazendo o menor barulho possível. Como aprendemos na Parte I, nem sempre precisamos seguir as regras para mudá-las.

As tangentes muitas vezes expandem o leque de possibilidades à medida que aumentam o alcance do que pode acontecer adiante. Isso ocorre porque elas mudam a forma como interpretamos, julgamos e respondemos ao *status quo*, oferecendo assim novas oportunidades que podem ser aproveitadas por outros possíveis desviantes com ideias semelhantes. Tenhamos em mente a forma como Ruth Bader Ginsburg empregou uma tangente para criar um precedente para a discriminação sexual que seria aproveitado por muitos advogados e ativistas. Ou a maneira como Gomperts criou o cenário propício para mudanças na legislação portuguesa sobre o aborto, o que beneficiou movimentos populares e políticos favoráveis ao direito ao aborto. Essas tangentes não só atacaram prontamente essas questões urgentes, como também plantaram sementes para mudanças estruturais de longo prazo.

6
Mentalidade

Como cresci no Brasil, tive contato com muitas práticas espirituais católicas e de origem iorubá. Por causa do comércio transatlântico de escravizados, os descendentes de iorubás — um dos maiores grupos étnicos da África Ocidental, que habita países como Nigéria, Benin e Togo — têm uma presença importante no Brasil, em Cuba e nos Estados Unidos, e alguns membros da Igreja Católica continuam nada satisfeitos com a persistência das tradições e crenças desse grupo étnico. Na verdade, alguns líderes católicos chegaram ao ponto de deturpar a figura de Exu — uma divindade da teologia iorubá, que tanto confunde quanto ilumina a realidade — como se fosse o diabo.[1]

Quando adolescente, estudei em uma escola católica e me divertia desafiando as figuras de autoridade da Igreja, por pura rebeldia. Só quando comecei a pensar mais seriamente sobre a ambiguidade e a flexibilidade das tangentes é que passei a levar em conta as lições que Exu oferecia. Exu definitivamente não é o diabo, mas também não é totalmente benevolente. Ele é capaz de confundir e orientar e ocupa um lugar bastante especial na teologia iorubá.[2] Nesse sistema de crenças, 401 forças à direita, chamadas *orixás*, atuam como protetores e capacitadores da humanidade, enquanto 201 forças à esquerda, os *ajogun*, apresentam desafios e obstáculos. Como seres humanos, muitas vezes enfrentamos essa aparente dualidade entre o que nos limita e o que nos capacita.

Mas Exu, em contraste com todas as outras divindades, é ao mesmo tempo um orixá e o líder dos ajogun: ele é o único que consegue superar essa suposta oposição. Por meio da sua aparente malandragem, essa entidade desafia o que consideramos natural e nos ajuda a descobrir novas perspectivas e possibilidades.

Essa perplexidade é bastante ilustrativa e mostra a razão pela qual os iorubás o consideram o deus da mudança, do acaso e da incerteza. Exu nos confunde para demonstrar que nossos problemas são muitas vezes difíceis de analisar e que nem sempre podemos confiar naquilo que parece natural ou óbvio. Se sabemos demais, podemos nos sentir paralisados ou entorpecidos. Se sabemos de menos, podemos ficar desorientados e até piorar as coisas.[3]

A abordagem das tangentes leva a sério as lições de Exu. A princípio, fiz a conexão entre os hackers e a divindade travessa porque muitas vezes eles são descritos como trapaceiros, que iluminam segredos das profundezas ao mesmo tempo que se mantêm fora do radar. Depois de me envolver mais de perto com dezenas de saídas pela tangente, percebi que a semelhança vai além disso. Os protagonistas dos exemplos descritos na Parte I não pretendiam ter muitas certezas: eles simplesmente abraçaram a complexidade. Suas abordagens podem parecer confusas ou até desengonçadas à primeira vista, mas o fato é que possibilitaram novas formas de enxergar que antes eram imperceptíveis.

Neste capítulo, desafio a ideia tradicional de que o melhor curso de ação é sempre entender o contexto todo e remover dele os obstáculos visíveis. Os três princípios que exploro aqui — reconhecer os limites do seu conhecimento, ajustar suas lentes e pensar como um *outsider* — ajudarão você a abraçar a complexidade e encontrar oportunidades para navegar usando tangentes. Na conclusão, analisaremos como essa mentalidade é adequada para situações complexas.

O CONHECIDO, AS INCÓGNITAS CONHECIDAS E O DESCONHECIDO

O conhecimento pode nos amaldiçoar: ele molda nosso raciocínio, nosso desenvolvimento pessoal, os caminhos que identificamos e seguimos e a forma como nos comunicamos com os outros. Uma vez que sabemos algo, não podemos intencionalmente deixar de saber.[4] Mas podemos ao menos nos dar conta de que não sabemos tudo, e fazer um esforço ativo para desconstruir o que achamos que sabemos.[5]

O benefício da dúvida

Um antigo conto iorubá nos ensina uma lição sobre os perigos de confiar demais nas coisas que pensamos saber ao ilustrar como Exu nos confunde e desafia aquilo que sabemos e pensamos saber acerca da realidade. Nessa história, dois melhores amigos estão cultivando suas respectivas lavouras, uma de cada lado da estrada. Exu, vestido do lado direito de preto e do lado esquerdo de vermelho, caminha depressa pela estrada que separa os terrenos. Quando Exu desaparece além dos campos, um dos amigos pergunta: "Você viu aquele estranho vestido de vermelho?" e o outro responde que viu o estranho vestido de preto, não de vermelho. A discussão vai aumentando e se torna acalorada, com ambos os homens chamando um ao outro de mentiroso. Somente quando Exu reaparece é que os amigos percebem que ambos estavam certos.[6]

Essa história ilustra como ter uma informação incompleta é apenas parte do desafio — também precisamos levar em conta a forma como interpretamos versões diferentes e parciais de uma história como se estivessem completas. Nenhum dos dois amigos sabia do contexto todo, mas ambos pensavam que sim, e é isso que cria tensão. O excesso de confiança é enganoso e, para nos ensinar essa lição, Exu só precisou lançar luz sobre as "certezas contraditórias": os diferentes (e muitas vezes incompatíveis) diagnósticos da realidade.[7]

Uma única história possui muitos fragmentos — algumas pessoas podem usar um deles para chegar a uma conclusão; outras, podem tentar juntá-los de maneiras diferentes. As tangentes sobre as quais você leu na Parte I foram implementadas por pessoas que não estavam obcecadas pelo que sabiam. Em vez de serem teimosas e se precipitarem em busca de respostas conclusivas, elas se beneficiaram com a dúvida: tentaram olhar as coisas por ângulos diferentes, experimentar abordagens não convencionais e aprender com pontos de vista divergentes dos seus.

Tomadas de decisão em um mundo instável

Infelizmente, mesmo quando fazemos um esforço ativo para aprender mais, nossa tendência costuma reforçar os mesmos pressupostos de sempre. Modelos de gerenciamento que influenciam a tomada de decisão em organizações de todos os tamanhos e áreas costumam se basear na ideia de que a análise formal ajuda a tomar decisões melhores. O problema não é necessariamente o quão precisas são as conclusões dessas análises, mas sim as suposições que elas deixam de questionar, e que, de forma tácita, definem a maneira como analistas diagnosticam a situação.

Ao trabalhar como consultor para grandes empresas, por exemplo, percebi como esses estudos podem acabar virando munição em disputas administrativas: os superiores predeterminam o campo de batalha e o alvo, e as avaliações dos especialistas entram em cena para justificar a batalha. Munidos de relatórios de consultores externos, esses gestores de alto escalão tentam persuadir os demais na empresa, impondo uma história dominante às partes interessadas e atribuindo funções para implementar as recomendações.

O problema é que muitos consultores não questionam as suposições dos clientes. Em vez disso, validam e partem para a ação a partir do que é conhecido, com base em informações fornecidas pelos gestores que os contrataram. Se esses consultores lidassem de frente com a complexidade, investigariam com menos profundidade e mais amplitude. Questionariam o que a gestão assume como fato, seus valores e objetivos, possivelmente identificando pontos de vista contraditórios ou apontando outros pontos de disputa que podem estar passando despercebidos.

A consultoria para organizações intergovernamentais se dá de forma um pouco diferente. Os analistas que fazem esse trabalho em geral usam dados para acomodar tudo: suposições, metas e pontos de vista conflitantes sobre quem deve liderar. Mas se o escopo for muito amplo, a coisa fica confusa e inútil. Nesse caso, seria melhor se abraçássemos aquilo que o poeta John Keats chamou de "capacidade negativa",[8] ou o que os irmãos Heath chamaram de "prioridade forçada":[9] apreciar as nuances das múltiplas perspectivas, mas não se demorar muito nisso. Pense em como Shakespeare apresenta personagens sem revelar sua história, e como apresenta questões sem necessariamente oferecer uma resposta ou solução evidente. Por saber que o mundo é instável e que uma história nunca estará "completa", o escritor permite que os leitores explorem diferentes ângulos e imaginem como a história poderia chegar a inúmeras conclusões. É por isso que Portia, personagem de *O mercador de Veneza* é tão atraente: por meio de sua solução astuta, ela desafia as expectativas e encoraja o público a fazer o mesmo.

Transformando o estranho em conhecido e o conhecido em estranho

Então, como podemos desafiar nossos conhecimentos para desenvolver uma mentalidade aberta à tangente? Vou direto ao ponto: é preciso abraçar a ambiguidade. Devemos reconhecer que tomamos decisões sempre enviesadas, sem ter uma visão completa da situação, e que é melhor ponderarmos (e desafiarmos) os nossos pressupostos do que seguir a partir deles de forma impensada. Os desafios consistem tanto em transformar o "que não sabemos que sabemos" em algo que "sabemos que não sabemos", quanto em desconstruir nossas suposições a respeito do que sabemos, para que possamos recombinar fragmentos de formas que jamais seriam pensadas.[10]

Para praticar essa desconstrução e reconstrução do nosso conhecimento, podemos nos inspirar nos antropólogos, cujo objetivo é "transformar o estranho em conhecido e o conhecido em estranho".[11] Pense em como a saída pela tangente da ColaLife surgiu da pergunta: "Por que a Coca-Cola parece estar presente em todos os países em desenvolvimento, mas os medicamentos para salvar vidas não?" As pessoas em regiões remotas de países de baixa renda sabem que podem encontrar Coca-Cola em toda parte. Ao associar a presença de algo tão supérfluo como refrigerante com algo aparentemente não relacionado, mas tão importante como um medicamento, o que Jane e Simon Berry fizeram foi transformar um fato conhecido em um fato estranho. Por outro lado, consideremos como Ruth Bader Ginsburg transformou o estranho em conhecido quando usou o caso de um homem que fora vítima de discriminação pelo gênero. Muita gente não acreditava que a discriminação com base no gênero existisse, mas, ao mostrar como até mesmo um homem pode ser prejudicado por isso, essa advogada criou uma jurisprudência importantíssima.

Ao transformar o estranho em algo conhecido e o conhecido em algo estranho, estaremos preparados para navegar entre os dois extremos das estratégias de gestão: as abordagens arbitrárias e mal pensadas, que prosperam em meio à insuficiência de investigação e de análise dos fatos (a chamada "extinção por instinto");

e aquelas que focam em coisas demais (algo conhecido como "paralisia pela análise").[12] Aprendendo a identificar brechas de conhecimento sem cair nelas, certamente você estará em melhor posição para pensar de forma criativa e lateral.

OS LIMITES DA PERCEPÇÃO

Você está visitando o Museu do Louvre em Paris. Primeiro, uma olhadinha na Mona Lisa de Leonardo da Vinci. Tão clichê! À primeira vista, você fica surpreso ao notar que a pintura é pequena e não parece tão impressionante quanto dizem, mas, num segundo momento, você repara nos olhos. E nota que há algo de arrepiante na maneira como Mona Lisa nos olha de volta. Seu impulso é ficar olhando e se movendo para os lados, notando como seus olhos seguem o observador.

O salão está muito lotado, então você segue até a próxima sala para admirar *A liberdade guiando o povo*, o quadro de Delacroix. Há tanta coisa na imagem! Primeiro você nota a bandeira: parece estar tremulando, então provavelmente estava ventando naquele dia. A mulher de peito nu segurando-a têm uma aparência tão poderosa. É ela quem representa a liberdade? O que significa sua nudez parcial? Até que os outros personagens ao seu redor entram em cena: os corpos, o homem de joelhos (ele está implorando por misericórdia ou mostrando sua devoção à mulher?). Você observa que as pessoas segurando armas também são estranhas. Algumas estão vestidas como membros da nobreza, outras como camponesas. Isso significa que vale a pena lutar pela liberdade independentemente da classe social? Você se sente incapaz de absorver as inúmeras camadas da pintura.

Depois do Louvre, você segue para o Musée de l'Orangerie. Sua primeira parada: os *Nenúfares* de Monet. Quando chega muito perto das pinturas, vê apenas manchas de cores borradas; mas, dando alguns passos para trás, os padrões e formas se revelam e, de repente, a pintura faz sentido. A composição inspira serenidade, e você pensa sobre como a proximidade muda o que você vê na pintura. É algo bem diferente do que acontece no caso de *Relatividade*, a famosa litografia de Escher. Você se lembra de ter estudado matemática no ensino médio e achado a obra ao mesmo tempo perturbadora e intrigante. Duas pessoas usam a mesma escada na mesma direção e do mesmo lado, mas uma parece estar descendo e a outra subindo. Você se lembra de como tentou olhar a imagem de diferentes ângulos e como girá-la levou a diferentes interpretações.

Quando analisamos um problema, em geral nosso instinto é obter uma imagem mais completa e detalhada, mas o *que* vemos depende de *como* vemos. Semelhante ao nosso modo de olhar e interagir com uma obra de arte, brincar com nossa proximidade e perspectiva de observação pode nos ajudar a revisitar e reinterpretar o que nos cerca. É um pouco como tirar uma boa foto: podemos experimentar o que entra em enquadramento ajustando as configurações da câmera.

O foco

Em uma foto, o tema oferece diferentes oportunidades e limitações no que diz respeito aos aspectos mais técnicos da produção de uma boa imagem: fotografar uma flor é muito diferente de fotografar toda uma paisagem. Ambos os temas podem render boas fotos, mas vão transmitir informações diferentes. Não é preciso escolher apenas um ou outro. Testando os dois, você pode ver o que mais combina com sua preferência.

Se começar focando em uma flor individual, certamente encontrará detalhes e nuances perdidos na observação do todo. Talvez você note um labirinto de veias escarlates profundas nas pétalas, e talvez as partículas de pólen chamem sua atenção. Nesse exercício, você começa a dividir visualmente a flor em seus componentes, encontrando facetas intrigantes que não seriam percebidas por alguém que olhasse para a flor como um todo — e muito menos para a paisagem inteira. Usar um foco mais fechado ao conceber uma saída pela tangente pode ajudá-lo igualmente a encontrar possibilidades que seriam invisíveis caso você abordasse todo o sistema de frente. Foi essa a tática que a Women on Waves utilizou: em vez de enfrentar a proibição do aborto em um país, o grupo se concentrou nas leis de outro, e se valeu de minúcias da legislação marítima para contornar restrições.

Por outro lado, às vezes é benéfico olhar para a paisagem inteira. Se você passar todo o tempo olhando para uma única flor, pode deixar de perceber como as encostas das colinas têm um padrão surpreendente, ou como as cores do campo contrastam com o céu que escurece lentamente. Às vezes, absorver o panorama completo pode estar a nosso favor: essa é a beleza de pegar carona. Se os especialistas em saúde se concentrassem apenas no fornecimento de um único micronutriente, poderiam ter dificuldades para descobrir como fazer uma população específica tomar, por exemplo, um suplemento de ferro. Como eles identificariam a população-alvo? Como distribuiriam os suplementos? Como poderiam garantir que as pessoas certas estivessem mesmo ingerindo o suplemento na hora correta? Examinar toda a gama de padrões de consumo e acrescentar micronutrientes a alimentos essenciais teve um resultado surpreendentemente positivo por uma fração do custo e do trabalho.

Exposição

Uma boa foto depende tanto do que está enquadrado quanto da forma como ela foi capturada. Deixe entrar pouca luz pelo obturador e o resultado será uma imagem escura e indecifrável.

Mas deixe entrar muita luz e ela ficará superexposta e igualmente inútil. A exposição da fotografia é determinada pela interação de três componentes — ISO, abertura e velocidade do obturador — e usando cada um deles, podemos ver e interpretar os problemas de diferentes maneiras. Lembre-se apenas de que não existe uma forma correta de tirar uma foto (até optar pela configuração "automática" não é errado!), e a experimentação é fundamental. No entanto, entender um pouco mais sobre a função de cada um desses três controles pode te ajudar a experimentar e começar a tirar fotos diferentes.

O ISO, que lida com a sensibilidade à luz e com o nível de saturação e granulação da imagem, pode nos ajudar a pensar em nossos recursos. É comum pensarmos que uma imagem mais detalhada é melhor, assim como é comum pensarmos que mais recursos — e recursos mais especializados — sempre serão mais eficientes na hora de lidar com nossos problemas. E se, em vez disso, pensarmos um pouco mais como um hacker, que trabalha apenas com os recursos que têm imediatamente à mão? Se adotarmos a mentalidade de usar os recursos que temos, e não os que queremos, podemos começar a enfrentar os desafios mais imediatos usando as melhores abordagens. Foi assim que a fabricação de biscoitos passou a ser crucial para ensinar as crianças a ler e a entender aritmética básica.

O segundo componente, a abertura, mede o diâmetro de abertura da lente, e um de seus efeitos é determinar a profundidade do campo: deixar menos luz entrar significa ampliar a profundidade do foco da imagem, ao passo que deixar entrar mais luz vai produzir um fundo embaçado e fora de foco. De novo, o senso comum nos faria acreditar que, quanto mais coisas tivermos em foco, melhor poderemos entender um problema, mas nem sempre é o caso. Na fotografia, ter muito em foco pode produzir uma imagem exagerada e desagradável. Ao enfrentar desafios complexos, ter o foco apontado para muitas coisas pode levar à "paralisia pela análise". Como visto no exemplo do hábito de urinar em público na Índia, às vezes uma pequena medida paliativa (como cada pessoa instalando um azulejo religioso no muro externo de casa) é uma forma viável de impedir algo que mesmo intervenções públicas mais abrangentes não conseguiram eliminar.

A velocidade do obturador indica quanto tempo o filme fica exposto à luz. Predefinindo uma velocidade rápida para não deixar entrar muita luz, você pode congelar o movimento em uma imagem nítida. Mas, se usar uma velocidade de obturador mais lenta e deixar entrar muita luz, o movimento ficará borrado. Temos a tendência de pensar que quanto mais diretamente pudermos controlar e enfrentar um problema, melhor poderemos resolvê-lo, mas às vezes o "borrão" pode transmitir mais informações. A velocidade do obturador nos lembra que nossas intervenções podem ser rápidas e ousadas (como transferir dinheiro entre uma rede de pessoas para driblar as taxas bancárias) ou nos ajudar a ver além das fronteiras convencionais (como construir moradias geminadas para estimular a interação entre dalits e pessoas de casta).

Brinque com as configurações

Assim como o ISO, a abertura e a velocidade do obturador são os componentes envolvidos na captura de uma imagem, repensar nossos recursos, foco e escopo é uma forma de enfatizar diferentes aspectos de um acontecimento. Parafraseando o filósofo francês Gilles Deleuze e o psicanalista francês Félix Guattari, um tijolo pode construir um tribunal ou ser jogado em uma janela — as circunstâncias importam! Analisando nossos assuntos e "cenários", podemos destacar diferentes aspectos de uma determinada situação, o que nos permite retomá-la e reinterpretá-la.[13]

Recomendo que você use essas estratégias da mesma forma que mexeria nas configurações de uma câmera digital: com curiosidade, leveza e frequência. Dois benefícios de uma câmera digital são o espaço de memória e o feedback imediato. Não se sinta restrito às 12 ou 24 poses que você obteria em um rolo de filme — com uma câmera digital, você pode tirar centenas de fotos. Graças a essa tecnologia, não é preciso esperar a revelação do filme para descobrir se ficou satisfeito com as configurações da câmera — basta uma olhada no visor digital e você pode ajustar a configuração como quiser. É melhor apreciar e explorar aquilo que "sabemos que não sabemos" do que ficar preso ao campo limitado daquilo que sabemos.

O PODER DO *OUTSIDER*

A cada seis meses, Anil Gupta, empreendedor social e professor do Instituto Indiano de Administração de Ahmedabad, lidera uma caminhada de uma semana que cobre aproximadamente 250 quilômetros, passando pelos distritos rurais da Índia que não possuem conexão regular com a rede de transportes. Gupta, alto, barbudo e sempre vestido de branco, tem um sorriso envolvente e um interesse genuíno no que os moradores têm a dizer. Ele se mostra particularmente interessado pelas pessoas excêntricas das aldeias. Essa caminhada é chamada *Shodhyatra*, que em sânscrito significa "uma caminhada para encontrar conhecimento". Nessas explorações, Anil e sua equipe descobriram e documentaram mais de 160 mil produtos e práticas inusitadas criadas por pessoas marginalizadas.[14]

Há algo de especial, intrigante e poderoso em pessoas como Anil, *outsiders* que desafiam as convenções políticas, econômicas e sociais. Sua forma de ver o mundo permite absorver a realidade de maneira diferente de quem está dentro das estruturas, muito acostumado a uma determinada maneira de fazer as coisas. Como disse um hacker: "Hacks não surgem em meio às pessoas que enfrentam um problema todos os dias, porque elas já estão meio insensíveis a ele." O termostato cognitivo da maioria dos especialistas está ajustado para um nível baixo de antecipação: esses indivíduos vivem no futuro próximo, sempre esperando o que vem a seguir. Por um lado, isso os mantém focados. Por outro lado, limita sua capacidade de ver além das abordagens convencionais.

Insiders versus *outsiders*

O problema dos especialistas é que eles dependem muito do que sabem — em outras palavras, tornam-se insensíveis às maneiras diferentes de interpretar e agir em situações que lhes são familiares demais. A vantagem é que os *insiders* raramente ficam surpresos, mas a desvantagem também é que raramente ficam surpresos. Por outro lado, um *outsider* que está começando a aprender algo novo pode abordar problemas antigos a partir de novos ângulos.[15] Pense em crianças fazendo observações engraçadas e inesperadas como "Por que não pode ser segunda, terça, sábado, domingo, quarta, quinta, sábado e domingo?" Com essas observações, elas desafiam as convenções mais indiscutíveis dos adultos, pegando todos nós desprevenidos.

Quando *outsiders* — ou pessoas com nenhuma ou pouca experiência — estão assimilando algo novo, eles costumam mexer com as novas ferramentas e conceitos, às vezes combinando e reconfigurando tudo de maneiras que os especialistas consideram surpreendentes, contraintuitivas ou até contraproducentes. Embora suas ideias às vezes pareçam absurdas, os *outsiders* têm a liberdade de pensar e agir de maneiras que os *insiders* não podem. E essas novas perspectivas podem ser revolucionárias. Você se lembra de Portia superando Shylock? Ela não era advogada nem contadora, mas não precisou ser especialista para vencer o sistema.

Além disso, ao contrário dos *insiders*, os *outsiders* tendem a ter um menor senso de propriedade em relação aos novos desafios e conceitos que encontram. A propriedade é mais do que um título. Nas palavras do romancista John Steinbeck: "É isso que torna as coisas nossas: nascer nelas, trabalhar nelas, morrer nelas. Isso é a propriedade, e não um papel com números."[16] Os economistas comportamentais demonstraram que nosso senso de propriedade se aplica a ativos, ferramentas, empregos e organizações, além de todo o resto com que nos envolvemos de forma íntima, como os nossos pontos de vista, por exemplo. Uma vez que assumimos a responsabilidade por uma ideia ou mesmo por um problema, passamos a protegê-lo e temos dificuldade em abandoná-lo.[17] Ser um *outsider* significa ter menos instintos protetores, ou ao menos ter instintos mais fracos, o que nos torna mais flexíveis. Os fundadores da TransferWise tiveram sucesso porque não trabalhavam dentro de uma instituição bancária formal. O fato de serem *outsiders* permitiu que usassem criatividade e flexibilidade para desafiar o *status quo*.

O *outsider* interior

Existem várias táticas para nutrir nosso "*outsider* interior", tanto do ponto de vista pessoal quanto organizacional. Se aprendermos a valorizar o conhecimento generalista, podemos trazer uma grande variedade de experiências ao nosso mundo hiperespecializado empregando o pensamento lateral. Em vez de premiar em excesso a experiência das pessoas que automaticamente abordam problemas com estratégias preexistentes, aplicar o conhecimento de uma determinada área a um contexto diferente pode ser muito benéfico. Entretanto, nem toda abordagem ou informação é transferível, mas quando essa estratégia é bem-sucedida, pode causar um impacto transformador. Em seu bestseller *Por que os generalistas vencem em um mundo de especialistas*, o repórter investigativo

David Epstein conta histórias convincentes sobre pessoas como Roger Federer, J. K. Rowling, Van Gogh e Tu Youyou (a primeira pessoa da China a ganhar um Nobel de Fisiologia ou Medicina, e a primeira mulher também na China a receber um Nobel), que desafiaram a ideia de que o sucesso requer especialização precoce e focada. Todos os exemplos de Epstein são generalistas que prosperaram em ambientes complexos, onde os padrões são de difícil compreensão e há incógnitas demais.[18]

Outra abordagem é ser intrometido. Em nossa sociedade estratificada, limites nítidos demarcam os ambientes dos quais fazemos parte ou não. Desafiar essas leis ou convenções pode abrir novas perspectivas, especialmente quando obtemos acesso a áreas "restritas". Organizações como Google, Facebook, Goldman Sachs, Mastercard, Tesla e até mesmo o Departamento de Defesa dos Estados Unidos pagam hackers para tentar invadir seus sistemas, buscar e relatar as vulnerabilidades encontradas, no que em geral são chamados de "programas de recompensa por bugs".[19] Os hackers descobrem o que os *insiders* (programadores de empresas e especialistas em segurança cibernética) ignoram ou perderam a sensibilidade para detectar. O site Craigslist pode não ter levado em conta a estratégia inicial de marketing do Airbnb, mas a história demonstra como os azarões podem explorar vulnerabilidades de forma eficaz, metendo o nariz onde não foram chamados.

Outsiders infiltrados

De um modo geral, as empresas tentam encontrar o equilíbrio entre explorar a experiência que já possuem e buscar oportunidades que exijam olhares diferentes.[20] Algumas organizações — em particular as maiores e mais controladoras — adotam diferentes abordagens para incentivar novas formas de olhar para os problemas sem desistir totalmente da experiência dos *insiders*. No Japão, esquemas de "rotação do trabalho" se tornaram muito comuns. Nesses programas, os funcionários se alternam entre diferentes áreas dentro da mesma empresa.[21] Quando o funcionário se sente confortável demais em seu cargo inicial, por exemplo, na área de vendas, ele passa para o marketing, depois para operações, depois financeiro e, só no fim, volta às vendas. Esses funcionários rotativos se tornam uma espécie de *outsiders* menos radicais, que conhecem o negócio e são capazes de promover um cruzamento fértil entre as áreas. Às vezes, as empresas contratam consultores pelos mesmos motivos: em algumas circunstâncias, esses agentes externos são orientados a explorar nuances que os funcionários do dia a dia ignoram.

Da mesma forma, algumas empresas se esforçam para contratar grupos historicamente marginalizados, não só para criar um ambiente de trabalho mais igualitário, mas também porque uma força de trabalho diversificada possibilita perspectivas nem sempre consideradas por homens brancos heterossexuais e cisgêneros. Se você assistiu *Mad Men*, a série de TV, deve ter uma ideia de como a indústria da publicidade mudou à medida que mais mulheres e pessoas negras foram contratadas. Os publicitários brancos do sexo masculino não sabiam que não conheciam as aspirações de consumo de alguns segmentos do mercado. A série nos lembra que experiências vividas e muitas vezes ignoradas — e as experiências privilegiadas que com frequência não são questionadas — impactam profundamente o que vemos e como pensamos.

Outsiders — ou pessoas capazes de adotar perspectivas vindas de fora do ambiente — tendem a ser bons em criar tangentes, porque sabem que não sabem, e não têm medo de fazer sugestões não convencionais. Pense na ousadia de tantas organizações da Parte I, que agiram a partir das margens das estruturas de poder: elas não partiram das suposições oriundas do que já é familiar. Os cidadãos de Troia esperavam defender sua cidade por trás dos muros, uma estratégia que vinha funcionando bem. Podemos supor que foi por isso que os gregos — literalmente *outsiders* — tiveram que promover uma operação tão incomum para entrar na cidade. A aposta valeu a pena, e o conceito de um cavalo de Troia, milênios mais tarde, continua sendo um testemunho vivo da criatividade e da artimanha.

COMPLEXO, NÃO COMPLICADO

A única maneira de adotar uma mentalidade propícia a saídas pela tangente é desafiar suas convicções anteriores e abraçar a ambivalência e a dúvida.[22] Em situações nebulosas, a melhor opção é procurar melhorias graduais que possam iluminar novas possibilidades — e para isso temos de questionar o que sabemos, o que vemos, e também nossa forma de enxergar; só assim será possível abordar nossos problemas de formas não convencionais.[23]

Os hackers se dão bem nessas situações porque se concentram no que chamam de "complexidade essencial" ou nas principais propriedades do monstro que estão tentando superar. Eles tentam retirar a "complexidade acidental", ou os desafios não intencionais que costumamos considerar, mas que podem nos distrair da tarefa em questão.[24] Os hackers contornam esses obstáculos não essenciais ou "acidentais", em geral da forma mais simples possível, e é por isso que as tangentes estão no centro de sua abordagem.

Simplicidade é bom, e as tangentes dependem disso. No entanto, quando falo sobre minha pesquisa para pessoas em âmbito empresarial ou acadêmico, muitas vezes sou recebido com ceticismo quando explico por que a simplicidade costuma fazer sucesso em situações complexas. O que os céticos não percebem à primeira vista é que complicado é diferente de complexo! Situações complexas não têm relações estabelecidas de causa e efeito.

Elas podem ter como base comportamentos que se autorreforçam, podem ser controversas ou alvo de disputas, e as inúmeras interpretações que geram podem significar que não têm uma solução única.[25] Abordagens complicadas têm como base o saber demais e tentar lidar com todos os aspectos de um problema. Infelizmente, quanto mais componentes você acrescentar à sua intervenção, maiores as chances de algo dar errado. Nas palavras de hackers, soluções complicadas acrescentam muita complexidade acidental.

Se acreditarmos que todo problema complexo requer uma solução complicada, seremos levados a enfrentar nossos obstáculos de frente e não saberemos separar a complexidade essencial da acidental. Alguns dos desafios mais difíceis do mundo são complexos porque estão em constante evolução e são interligados, e quem tenta solucioná-los abordando todas as suas facetas está fadado ao fracasso.[26]

As tangentes são adequadas para situações complexas porque abarcam a incerteza e a imperfeição, atendendo às nossas necessidades mais urgentes ao mesmo tempo que exploram caminhos por alternativas mais robustas, que de outra forma seriam invisíveis. Encorajo você a seguir a abordagem de Exu. Quando Xangô, o deus do trovão, pergunta ao malandro por que ele não fala de forma direta, Exu responde: "Eu nunca faço isso — gosto de fazer as pessoas pensarem."[27]

7
Pilares

Até agora, apresentei muitas histórias de saídas pela tangente que ocorreram graças a observações extraordinárias ou por pura necessidade diante de uma situação de alto risco. À medida que as tangentes se desviam do roteiro convencional da solução de problemas, as pessoas são levadas a pensar que são acidentais, ou que surgem da originalidade de alguns indivíduos especiais. A realidade é que qualquer pessoa pode criar uma tangente e, neste capítulo, você aprenderá como. Vamos explorar os princípios de um processo de ideação de uma tangente, e também as peças fundamentais que ajudarão a montar tangentes do tipo carona, brecha, rotatória e túnel para serem usados em situações e problemas específicos.

OS PRINCÍPIOS DE UMA TANGENTE

A abordagem convencional para a solução de problemas nos leva ao longo de uma linha reta que começa na identificação do problema e termina em sua resolução. Ela se baseia na ideia de que identificar um problema de forma direta vai permitir que você desenvolva uma abordagem lógica e gradual, que preconiza: identificar o problema, defini-lo, examinar estratégias, agir com base nessas estratégias e depois aprender com os resultados. Essa abordagem não é simplesmente intuitiva: ela também é continuamente reforçada por gestores que tendem a supervalorizar modelos de operação já estabelecidos. Mas isso não ajuda ninguém a criar tangentes.

O problema com a resolução de problemas

Essa abordagem predefinida pode parecer confortável e amplamente aplicável, mas, na prática, ela é estática, e as pessoas que a seguem podem não reconhecer que, por vezes, a forma como interpretamos o problema é, em si, um problema. Muitos dos maiores desafios da atualidade são confusos. São feitos de problemas interligados e em constante mudança, e muitas vezes o que parece ser a solução de um pode ser o início de outro. Quando lidamos com esses emaranhados, identificá-los e separá-los pode ser bastante difícil, se não impossível. Pense em qualquer coisa, desde as mudanças climáticas ou a insegurança alimentar, até a desigualdade: nesses cenários, os problemas se sobrepõem de formas inconvenientes e, por vezes, contraditórias.[1]

Ou seja, problemas não são quebra-cabeças simples que só podem ser montados de uma forma, e não faz sentido abordá-los como se fossem. Além disso, as tangentes prosperam em situações complexas — afinal, existem muitos caminhos possíveis para solucioná-los e navegar em cada contexto. Sendo assim, não espere que o processo criativo descrito neste capítulo produza apenas uma resposta possível!

Seja complexo

Quando lidamos com circunstâncias complexas, o processo não termina com a identificação do problema e não precisa necessariamente começar por aí. Felizmente, as tangentes não seguem um processo gradual, então não é preciso concluir uma tarefa para passar para a próxima. Em vez disso, prefiro pensar a abordagem com um tipo de mentalidade que envolve uma troca contínua entre os "padrões convencionais" e os "problemas" que enfrentamos.

Criar tangentes se parece mais com brincar de Lego do que com completar um quebra-cabeça: você tem as peças, e seu desafio é construir algo com elas. Lembre-se: peças bidimensionais de canto não ajudarão se você quiser construir um castelo de Lego. Sua criatividade deve ser estimulada com a ajuda das peças, permitindo que você explore diferentes montagens à medida que avança. É permitido usar tantas ou quantas peças quiser, e construir qualquer coisa que puder imaginar. Às vezes, você nem sabe o que deseja construir até começar a encaixar as peças.

A primeira peça

Depois de anos trabalhando nesta pesquisa e usando muitos estudantes e colegas pesquisadores como cobaias, percebi que é possível começar de duas maneiras.

Primeiro, pelo reconhecimento de um problema que lhe interessa. Saiba, porém, que não é necessário entendê-lo ou defini-lo totalmente antes de tentar encontrar um ponto de partida para a ação. Essa é precisamente a beleza das tangentes: você pode aplicá-las até mesmo a problemas que não entende muito bem. Ao experimentar e estar disposto a abraçar a ambivalência e a dúvida, o horizonte de possibilidades se expande de forma gradual.

Segundo, você também pode começar reconhecendo a reação "padrão" às circunstâncias e o que ela deixa passar. Confiamos muito em nossos roteiros usuais, mas, como disse o psicólogo Abraham Maslow em 1966, "se a única ferramenta que você conhece é um martelo, todo problema é visto como um prego".[2] Quando desafiamos a convenção, começamos de um ponto de partida diferente — pelas ações padrão —, e não pelos problemas em si. Esse processo permite enxergar que problemas possuem aspectos multifacetados, inclusive alguns que você pode não ter percebido de primeira.

Felizmente, todo começo é apenas um começo. Sugiro uma abordagem que envolva mexer sistemática e simultaneamente em ambos — no problema e na sua reação padrão —, examinando mais de perto a base do seu conhecimento. Depois de montar uma base, você pode até esquecer por onde começou.

CRIE UMA BASE

A base do processo criativo para sair pela tangente é reconhecer o que você sabe e o que sabe que não sabe. Lembre-se de que estamos falando de uma construção com Lego, e não de uma casa real. Isso significa que você não precisa se preocupar muito se não tiver um plano fechado nem todas as peças necessárias desde o início. Essa etapa é apenas o pontapé inicial.

Se você tem um desafio em mente, identificar e colocar no papel tudo o que você sabe sobre ele é apenas metade da batalha. Identificado o problema, é preciso então pensar no panorama geral em que ele se enquadra, nos obstáculos que engendra e nas explicações que justifiquem sua existência, em primeiro lugar. Se você começar pensando em suas reações convencionais em uma circunstância, será capaz de identificar as soluções tradicionais e as partes responsáveis.

No fim das contas, a ordem não importa, e você não precisa perder muito tempo nesse exercício. Comece e, mais tarde, quando der início ao brainstorming com os quatro tipos de tangente, provavelmente terá a chance de revisitar a base do seu conhecimento para acrescentar ou alterar algumas peças da sua construção.

O problema

Um problema pode ser simples e bem específico (por exemplo, não tenho como cozinhar um ovo para o almoço) ou complexo e multifacetado (por exemplo, altas taxas de mortes por diarreia em crianças com menos de 5 anos na África Subsaariana). Se o seu problema for simples, ótimo — basta anotá-lo e seguir em frente. Se for complexo, talvez seja melhor rabiscar o que você sabe, e também o que você sabe que não sabe a respeito dele. Em seguida, passe para os possíveis obstáculos e para as causas que justificam a existência do problema.

Sua observação do problema pode resultar de uma experiência vivida ou de algo que foi relatado a respeito. O hacker que cozinhou um ovo em uma máquina de café vivenciou o problema como parte de sua rotina. Simon e Jane Berry não haviam trabalhado com prevenção de mortes por diarreia; ficaram sabendo da situação por meio de relatos de outras pessoas. Naturalmente, se você enfrentou diretamente o problema, é provável que o conheça melhor — mas, sua experiência também pode deixá-lo cego para as formas alternativas de resolvê-lo. Se o problema é alheio à sua experiência, você começa do zero, o que significa menos conhecimento em primeira mão, mas também menos preconceito, já que você ainda não tem um jeito convencional de resolvê-lo.

Obstáculos

Os obstáculos geralmente são visíveis quando estamos lidando com problemas simples. Quando o hacker queria ferver um ovo no almoço, o obstáculo era óbvio: ele não tinha um fogão em seu escritório. Quando os problemas são mais complexos, você pode aprender mais sobre eles lendo ou testando a solução convencional e falhando. Quando Jane e Simon Berry investigaram o desafio de aumentar o acesso a remédios para diarreia em regiões remotas da África Subsaariana, eles leram relatórios e falaram com um monte de pessoas. Ouviram dessas fontes que os obstáculos incluíam infraestrutura ruim, logística e financiamento.

Outra possibilidade de estudar os obstáculos na análise de problemas complexos é tentar a abordagem convencional e falhar. Quando minha vida esteve em jogo na infância por causa da diarreia, meus pais tentaram me salvar várias vezes pelas soluções convencionais, e só notaram os obstáculos depois de muito tempo batendo a cabeça — primeiro, com o problema de importar remédios, depois, ao descobrir que os bancos de leite materno estavam em greve.

Perceba que você não precisa conhecer os obstáculos de antemão; na verdade, não ter anotação nenhuma sobre isso pode ser tão útil quanto ter muitas, porque fará com que você perceba a importância de aprender mais. Tenha em mente que essa lista de obstáculos não precisa ser completa: à medida que for aprendendo mais sobre o problema e as soluções convencionais, você também reencontrará os obstáculos.

Soluções convencionais

Quase sempre sabemos qual é o padrão das coisas. A forma convencional de ferver um ovo é usando um fogão e uma panela e, dependendo de como você gosta da gema, optando por um tempo específico de cozimento. Os padrões parecem tão naturais que não pensamos muito neles; eles moldam silenciosamente o que consideramos adequado em cada circunstância.

Quando partimos de um problema, nossa atenção se volta automaticamente para o convencional. No caso do hacker da cafeteira, ele pensou no convencional e resolveu desafiá-lo simplesmente porque estava diante do problema: ele não tinha como cozinhar um ovo em seu escritório.

Mesmo em situações mais complexas, é possível ter uma ideia do convencional sem saber muito sobre o problema, afinal, toda convenção é naturalmente intuitiva. Por exemplo, quando Simon e Jane Berry notaram o problema dos medicamentos, não precisaram de muito esforço para perceber que a solução padrão no contexto de desenvolvimento internacional é fornecer tratamento gratuito por meio da iniciativa pública. À medida que foram se familiarizando com o problema, logo descobriram que alguns projetos estavam centrados na distribuição de medicamentos pelo setor privado, em especial quando visavam a chamada "última milha", que são as regiões remotas muito longe das instalações públicas de saúde.

O convencional, no entanto, muda sempre que um problema é enquadrado de forma diferente. Se, em vez de olhar para a "falta de acesso ao tratamento da diarreia", você concentrar sua atenção nas "mortes por diarreia", talvez acabe pensando mais em soluções preventivas (vacinação contra o rotavírus, água potável, saneamento etc.) em vez do acesso ao tratamento. É normal e saudável olhar por diferentes ângulos enquanto nos preparamos para encarar problemas multifacetados.

Partes responsáveis

Em nosso mundo compartimentado, as soluções convencionais costumam vir com a atribuição de responsabilidades; ou seja, definindo o papel de liderança. Quem cozinha seus ovos? Quem é responsável pela distribuição do tratamento para a diarreia em regiões remotas?

Esse caminho não apenas impede que outras pessoas assumam um papel ativo, como também limita nossa capacidade de resolver problemas de formas diferentes. Quando as pessoas encontram os mesmos problemas várias vezes e usam as mesmas soluções convencionais para resolvê-los, acabam perdendo a sensibilidade às alternativas. Começar pelas margens nos dá um ângulo diferente para encontrar soluções fora do padrão. Focar em quem é o responsável às vezes pode nos ajudar a pensar no que *não fazer* quando o objetivo é encontrar uma tangente.

Justificando a existência do problema

Por que o problema X ainda existe? Essa pergunta nos ajuda a conectar a natureza do problema com as soluções convencionais e a parte responsável, que são aspectos importantes para explorar quando enfrentamos problemas mais complexos. Enquanto você tenta entender essas conexões, evite respostas genéricas como "a parte responsável não se importa o suficiente". Mesmo que seja verdade, essa presunção não vai fazê-lo pensar além, e também pode criar um sentimento de fatalismo, como se estivéssemos todos paralisados e condenados ao fracasso.[3]

Quando Simon e Jane Berry analisaram a dimensão da falta de acesso a medicamentos para diarreia na África, um dos problemas mais persistentes do mundo, não se limitaram a observações genéricas e fatalistas que os impediriam de agir. Sim, o problema é negligenciado e expõe enormes desigualdades — por exemplo, a taxa de mortalidade por diarreia na Zâmbia era cerca de 720 vezes superior à da Finlândia.[4] A disparidade não significa que as pessoas não estejam tentando resolver o problema, nem significa que estejam fracassando: entre 1990 e 2017, de acordo com o Instituto de Métricas e Avaliação da Saúde, a taxa anual de mortes por diarreia em crianças menores de 5 anos no mundo caiu de cerca de 1,7 milhão de mortes para aproximadamente 500 mil.[5]

A riqueza de perguntar por que um problema ainda existe é precisamente refinar a maneira como você encara a natureza sistêmica de alguns de seus desafios mais difíceis, tendo a chance de perceber o tamanho não apenas do seu conhecimento, mas também da sua ignorância.[6] Nesse processo, você poderá notar que há uma expectativa de que as mortes por diarreia sejam resolvidas por meio de cooperação internacional e pelos governos dos países de baixa renda, e esse é o gancho perfeito para fazer algumas perguntas do tipo "e se". Por exemplo, e se o medicamento for distribuído pelo setor privado? E se não precisarmos construir estradas melhores para aprimorar o transporte dos medicamentos? E se os cuidados de saúde pública puderem ser prestados fora de clínicas ou hospitais? Questionamentos assim podem levá-lo a ideias diferentes, e com certeza farão com que você reflita sobre o problema por outros ângulos.

AS QUATRO CONFIGURAÇÕES DAS TANGENTES

Depois de encaixar as peças fundamentais, é preciso começar a ajustar as tangentes. Mais uma vez, ao ter ideias para sair pela tangente, você provavelmente vai revisitar a base do seu conhecimento, e isso é esperado. Algumas pessoas podem até ignorar a base e começar a trabalhar direto nas tangentes, e tudo bem.

É difícil se libertar de abordagens lineares onde há um passo a passo para a solução de problemas, mas a essência de uma abordagem desviante, favorável para a descoberta de uma saída pela tangente, é justamente não seguir ordens, e por "ordens" me refiro tanto ao que é imposto para você quanto uma suposta fórmula de como as coisas devem ser feitas. Então relaxe, olhe para as peças que você tem (ou não) e siga seus instintos.

Na Parte I, você aprendeu o que cada tipo de tangente é e como foram usadas com ousadia por organizações e pessoas pioneiras no mundo todo. Mas como saber qual das quatro tangentes trará o melhor resultado para a sua situação?

É útil pensar em cada uma delas como diferentes tipos de montagem de Lego: um castelo, uma ponte e assim por diante. Pense que um castelo pode se parecer com o da Rapunzel ou o do Drácula, mas, apesar das diferenças, ambos têm teto, paredes e assim por diante. Da mesma forma, existem alguns recursos importantes em cada uma das quatro abordagens, e saber quais são o ajudará a escolher a maneira mais adequada de montar uma tangente que atenda às suas necessidades.

Cada uma das tangentes tem como base um elemento primário. Quando você pensa em caronas, considere as relações que já existem na sua situação. As brechas exigem que prestemos muita atenção aos diferentes conjuntos de regras. As tangentes rotatória envolvem a análise dos comportamentos que levam à inércia. E se você está procurando as abordagens de túnel, brinque com os recursos que tem em mãos. Nem todas as situações vão exigir o uso de cada uma dessas quatro tangentes, e tudo bem. No fim das contas, a maioria dos problemas exige apenas uma delas. O gráfico a seguir não é completo, nem definitivo, mas serve como fonte de inspiração e orientação para começar a identificar formas de sair pela tangente.

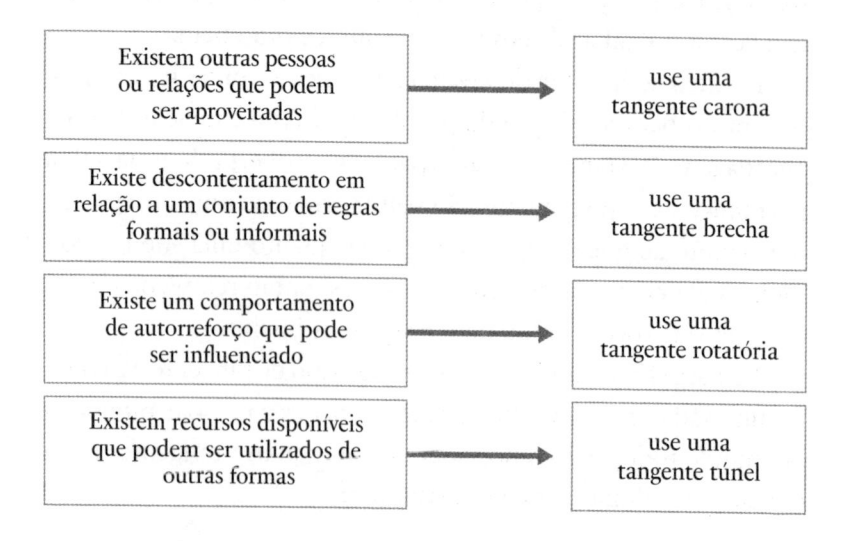

Existem outras pessoas ou relações que podem ser aproveitadas →	use uma tangente carona
Existe descontentamento em relação a um conjunto de regras formais ou informais →	use uma tangente brecha
Existe um comportamento de autorreforço que pode ser influenciado →	use uma tangente rotatória
Existem recursos disponíveis que podem ser utilizados de outras formas →	use uma tangente túnel

Agora, analisaremos os brainstorms necessários para chegar a cada tipo de tangente. Com base nos fundamentos que montou, mesmo que apenas provisoriamente, faremos algumas perguntas simples que poderão ajudar a determinar quais serão relevantes para o seu contexto.

Como ter ideias para tangentes carona?

As tangentes carona dependem de relações, então você deve considerar os relacionamentos e as redes de contatos que envolvem e giram em torno dos seus desafios.

QUESTÕES PARA UMA TANGENTE CARONA

- Que outros agentes estão presentes?
- Que outras conexões ou redes estão presentes?
- Como posso usar as redes existentes para oferecer algo novo? O que pode ser aprendido ou usado de um sistema diferente?
- Como posso usar as redes existentes para eliminar um agente ou conexão?
- O que pode ser aproveitado do "sistema" para fazer outra coisa?

As relações podem ser mais amplas do que apenas as interações entre pessoas. Agentes, conexões e redes podem assumir muitas formas. Agentes podem ser os estúdios de cinema concorrentes ou os executivos da Vodafone, e as redes podem variar desde os distribuidores da Coca-Cola até os padrões regulatórios da publicidade televisiva. Perceber como diferentes relacionamentos e sistemas inevitavelmente se intercruzam pode ajudá-lo a usar a criatividade para pensar em formas de usar essas interações.

Você conseguiria pegar carona nos sistemas existentes para entregar algo novo — como a ColaLife usou para fornecer remédios que salvam vidas — ou para eliminar ou substituir um agente da rede, como o Airbnb fez quando desviou o tráfego do Craigslist?

Como ter ideias para tangentes brecha?

As tangentes brecha são baseadas em regras. Sei que começar a pensar em driblar as regras pode dar um certo medo, mas essas perguntas estão aqui para ajudar.

QUESTÕES PARA UMA TANGENTE BRECHA

- Quais são as vulnerabilidades dos sistemas atuais?
- Onde uma regra ou obstáculo limitador se aplica ou não se aplica?
- Como posso respeitar o texto, mas não o espírito da regra?
- Quais são os diferentes conjuntos de regras que podem ser aplicadas?
- O que ou quem precisa passar pelo obstáculo?
- Essa regra limitadora é aplicada de forma muito estrita? Como posso tornar essa lei ou convenção mais difícil de ser aplicada?
- Como as regras podem ser reinterpretadas em meu benefício?

As regras e seus limites sempre podem ser reinterpretados em benefício próprio. Como fez Portia, você também seria capaz de impossibilitar a aplicação de uma regra? Assim como o pessoal da Women on Waves, consegue encontrar uma ocasião em que certas leis limitantes não se apliquem? Caso existam regras formais e informais para contornar, você estará no caminho certo para pensar em uma brecha.

Como ter ideias para tangentes rotatória?

Talvez você perceba que o seu problema persiste em virtude de comportamentos de autorreforço, e que estamos rodeados por eles, como indivíduos e comunidade. Quanto mais você toma café pela manhã, mais acha que precisa de café pela manhã. Portanto, se for esse o caso, pode utilizar uma tangente do tipo rotatória. Essas instruções vão ajudá-lo a entender o que é o comportamento de autorreforço, por que e onde ele acontece, além de maneiras de paralisá-lo ou interrompê-lo.

QUESTÕES PARA UMA TANGENTE ROTATÓRIA

- Existe algum comportamento de autorreforço atuando sobre o problema?
- Por que o comportamento se autorreforça, e como esse comportamento interage com outras necessidades?
- Como posso criar uma distração que interrompa o fluxo desse comportamento de autorreforço?
- Em que circunstâncias o comportamento de autorreforço não existe?
- Como posso atrasar o comportamento de autorreforço?
- Quem se comporta de forma diferente, ou quem é a exceção, e em que circunstâncias?

Agora comece a pensar em como atividades, hábitos e necessidades interagem. Uma tangente rotatória pode significar usar um problema aparentemente não relacionado, como quando a necessidade de moradia levou à construção de infraestruturas físicas que jogaram por terra o preconceito de castas em um pedaço da Índia. Como alternativa, você pode seguir o exemplo das autoridades de saúde pública durante a pandemia, ou da princesa Scheherazade, que se valeram de tangentes rotatória para, de forma gradual, distrair ou adiar um resultado indesejável, mas supostamente inevitável.

Como ter ideias para uma tangente túnel?

Comece perguntando se você tem acesso a recursos que podem ser usados ou reaproveitados para outros fins. Pense em recursos de forma tão ampla quanto você quiser — desde tecnologia avançada até coisas básicas —, mas se concentre em "coisas" e nas "maneiras de fazer as coisas".

QUESTÕES PARA UMA TANGENTE TÚNEL

- Que recursos estão disponíveis de forma fácil e imediata?
- Como os recursos podem ser reaproveitados ou reinterpretados para alcançar objetivos diferentes?
- Como os recursos podem ser reagrupados de formas não convencionais?
- Qual é a solução com menor uso de tecnologia para este problema?
- Qual é a solução com maior uso de tecnologia para este problema?
- Que funções existem na tecnologia à qual tenho acesso que vão além do uso pensado originalmente?

Hoje em dia, a gama de recursos disponível é muito ampla, o que pode ser muito bom ou muito ruim. Por um lado, a especialização e as novas tecnologias podem nos atrair para a abordagem convencional, ou seja, aquela em que cada problema é resolvido por meio de uma ferramenta específica construída para um propósito específico. Por outro lado, essa grande variedade de recursos significa que podemos usar algo inicialmente projetado para realizar uma tarefa como um meio de completar outra; basta ser criativo o suficiente para reconhecer os usos secundários ou alternativos de cada coisa. Pense em como uma máquina de café sofisticada pode ser usada para ferver um ovo. Esse tipo de uso estratégico de um recurso preexistente é um ótimo exemplo de observação que leva a uma tangente. Depois de desenvolver a consciência situacional dos recursos à sua disposição e das formas como você (e outras pessoas) interagem com eles, será mais fácil pensar em como podem ser usados em diferentes contextos.

MÃOS À OBRA

Fico muito incomodado quando as pessoas dizem que você deve "pensar fora da caixa", mas seguem uma abordagem de brainstorming convencional. Nem toda atividade criativa precisa de post-its e quadros brancos. Apenas brinque com o que está à sua frente. Faça esboços, desenhos, listas, monte uma planilha do Google, encontre uma ferramenta on-line de construção de mapas mentais, interaja com outras pessoas (ou não)... Só não deixe que a falta de mão de obra ou de recursos seja uma desculpa.

Use as perguntas que sugeri e pense nas peças que formam a sua base de forma criativa e interativa, para então chegar às tangentes. É importante reconhecer a multiplicidade e a interconectividade dos seus obstáculos, admitir que você não sabe e não pode saber tudo, e estar à vontade para fazer perguntas para as quais ainda não tem respostas. Esse autoquestionamento é precisamente o que amplia nossos limites cognitivos e nos permite avaliar e alterar as abordagens convencionais.

Primeiro, quero falar sobre uma fábula (que talvez você já conheça) antes de passar para um exemplo mais complexo. Esses exemplos de brainstorming vão mostrar que podem existir muitas formas de sair pela tangente para qualquer situação, e destacar maneiras de usar suas peças fundamentais de forma interativa e criativa para identificar oportunidades de tangente.

Os três porquinhos

Acredito que você se lembre da história dos três porquinhos. Os dois primeiros construíram suas casas com palha e madeira, respectivamente, mas o grande lobo mau assoprou, assoprou e assoprou suas casas, forçando os dois porquinhos a procurarem refúgio com o terceiro, que construiu sua casa de tijolos. Assoprar e assoprar não causou danos a essa última casa, e os porquinhos colocaram uma panela de água fervente na lareira para cozinhar o lobo caso ele tentasse entrar pela chaminé.[7] Como o lobo poderia ter contornado esses obstáculos para enfim desfrutar de um bom banquete?

De maneira geral, sabemos que o problema do lobo é que ele quer comer os três porquinhos. Mas há muito que não sabemos sobre a situação do sr. Lobo. Por exemplo, ele tem um desejo específico por presunto suíno, ou qualquer comida seria adequada? Algumas cabras estão pastando nas proximidades... Se o lobo só estiver com fome e não for tão exigente, talvez uma delas sirva como um bom jantar? Ou, se ele estivesse perseguindo os porquinhos apenas por hábito, talvez esse contratempo pudesse inspirar o lobo a pensar em plantar soja e começar uma dieta vegetariana. Ou pode ser justamente o contrário: talvez o lobo seja mesmo fanático por bacon.

Se for esse o caso, o sr. Lobo precisa mesmo pegar aqueles porquinhos. Ele não consegue demolir a casa de tijolos assoprando, então precisa criar outra maneira de capturá-los. Infelizmente, os porcos já se anteciparam ao plano alternativo e colocaram uma armadilha com água fervente na lareira. Mas se houver tempo suficiente, o algoz tem mais opções. Se puder ser paciente, talvez o lobo possa esperar o Natal chegar. Certamente os porcos tirariam sua armadilha para deixar o Papai Noel entrar pela chaminé, dando ao sr. Lobo a oportunidade de também se infiltrar na casa. Ou talvez o lobo pudesse cavar (ou contratar suas amigas toupeiras para cavar) um túnel direto até o porão da casa de tijolos.

Na verdade, conhecemos várias histórias sobre o lobo e seus outros vizinhos, não apenas as toupeiras. O lobo ainda tem a sua fantasia de ovelha ou o roupão da vovó da Chapeuzinho Vermelho? Talvez ele pudesse se disfarçar e conseguir entrar dessa maneira. Quais redes legais, sociais ou comerciais existem no mundo dos contos de fadas? Talvez os porquinhos tenham contratado a Segurança Três Ursos (empresa criada em resposta à invasão da Cachinhos Douradas) para instalar alarmes. Infelizmente, talvez o Papai Urso seja amigo do sr. Lobo, e concorde em "esquecer" de instalar um alarme em uma janela específica em troca de algumas saborosas salsichas para o café da manhã.

Mas os porquinhos talvez sejam espertos demais e já suspeitem da gangue de carnívoros. Então, podem decidir se manter a postos e não deixar ninguém — do Papai Noel aos prestadores de serviços de segurança — entrar em sua casa. Então, em que circunstâncias os porquinhos precisarão abandonar sua fortaleza? Talvez o sr. Lobo deva apenas esperar que as porquinhas no cio (prontas para procriar) cheguem à cidade. Essa companhia pode atrair os porquinhos para fora do esconderijo e mantê-los distraídos, permitindo que o lobo entre em ação e cace vários porcos ao mesmo tempo.

Conceber uma série de ideias, mesmo que algumas não funcionem no final, nos permite considerar diferentes aspectos, fazendo com que as possíveis intervenções pareçam inviáveis ou preferíveis. Você pode primeiro avaliar a viabilidade. Produzir bacon em laboratório poderia, hipoteticamente, saciar o desejo do lobo, mas, se o mundo dos contos de fadas estiver preso à tecnologia pré-industrial, ele vai precisar de uma solução diferente. Você também pode considerar quanto tempo e esforço está disposto e é capaz de investir. Por exemplo, o lobo talvez consiga comprar o terreno onde foi construída a casa do porquinho, mas será que ele quer mesmo gastar todo o dinheiro e o tempo necessários para um processo judicial só para expulsar os porquinhos dali? Seria muito mais rápido agir na calada da noite, enquanto os três dormem. O lobo poderia pegar palha e gravetos das duas primeiras casas, jogá-los na casa de tijolos pela chaminé, atear fogo e selar a chaminé para matar os porcos com a inalação de fumaça. Com o incêndio criminoso finalizado, ele entraria nos escombros e comeria carne de porco defumada.

Da mesma forma, a escala do impacto esperado é importante. Não sabemos se o lobo está procurando causar um impacto pequeno e em escala individual (nesse caso, comer outra coisa pode funcionar muito bem) ou se ele pensa em alterar o abastecimento alimentar de toda a comunidade (nesse caso, cultivar soja para fazer bacon vegano como alternativa pode ser mais adequado). Por fim, você, como o lobo, pode querer pensar a respeito da recepção pública. O lobo é um predador, mas ele se sente confortável em ser conhecido como o cara que colocou lombrigas no tanque de abastecimento de água local só para pegar porquinhos irritantes? Isso pode tornar as coisas estranhas com os vizinhos, caso sobrevivam à verminose.

Criar essas propostas ousadas para o sr. Lobo é um exercício divertido e de baixo risco, mas também exemplifica como é possível empregar a mentalidade certa para encontrar caminhos ou resultados diferentes, até mesmo para as histórias mais familiares. Agora que você está mais confortável em interagir criativamente com as instruções e fazer brainstorming sem preconceitos, vamos passar para um exemplo mais complicado e realista.

Olá, Hilda

Seu nome é Hilda Grunwald. Você é uma programadora alemã, moradora de Berlim, e vota no Partido Verde Alemão. Você tem uma posição liberal em relação à imigração e, sensibilizada pela situação dos refugiados, deseja fazer algo para ajudar. Recentemente, conheceu seus vizinhos sírios, que tiveram trabalho com a burocracia alemã para resolver a documentação e assegurar o direito legal de seguir a vida no país. Como você pode ajudar?

Você sabe que não entende muito sobre a crise dos refugiados, mas é uma pessoa interessada em dados, então começa a procurar informações do Alto-comissariado das Nações Unidas para Refugiados (ACNUR). Primeiro, você percebe que tem muito a aprender, afinal, não fazia ideia de que, até 2020, dos cerca de 82 milhões de pessoas forçadas a fugir de seu país de origem, apenas 26 milhões receberam status de refugiados em outros países. Dada toda a atenção da mídia em torno do problema, você esperava que os países de alta renda tivessem recebido mais do que apenas 15% das pessoas refugiadas.[8]

Você se pergunta por que essas pessoas são forçadas a deixar seu país de origem, mas tem dificuldade para enxergar uma razão. Parece que a maioria abandona o seu país de origem — mesmo que não sejam consideradas "refugiadas à força" — em virtude de uma série de problemas que, combinados, as deixam em situação de vulnerabilidade. De repente, você se vê tentando compreender problemas generalizados e interligados, como a fome global, a pobreza e a escassez de água, fatores que têm impacto na vida dessas pessoas.

Munida de algumas respostas, embora elas gerem ainda mais perguntas do que antes, você sabe que deve fazer o possível para apoiar essas pessoas, tenham elas obtido ou não o status oficial de "refugiadas". Tentar delimitar o problema de forma completa e precisa desviaria muita energia do seu objetivo principal. É hora de ser criativa.

No dia seguinte, em seu trajeto a pé para o trabalho, você passa por um centro de informações turísticas. Enquanto relembra as viagens que fez em seu ano sabático, também pensa em como aquele tempo seria diferente se houvesse toda a tecnologia que hoje em dia carrega no bolso. Esses centros de informações ao turista parecem receber cada vez menos gente a cada ano que passa. A não ser que...

E se houvesse uma forma de explorar o potencial desses espaços quase abandonados? Afinal, eles ainda possuem instalações físicas e equipes de funcionários. Por que esses locais não poderiam fornecer informações e orientações aos recém-chegados, conectando-os às oportunidades de emprego ou alguma formação profissional? Bem, você teria que procurar agências do governo, ou ignorá-las completamente e ir direto aos funcionários dos centros turísticos, mas talvez funcionasse.

Ao identificar uma forma de reaproveitar recursos existentes, você pode ter criado uma saída pela tangente! Mas ainda não acabou. Você decide continuar seu brainstorming e buscar novas ideias.

Em um dia sem muita demanda no trabalho, você está conferindo a caixa de entrada e nota um e-mail convocando-a como professora voluntária em um curso de programação. Ensinar códigos a pessoas que precisam de trabalho pode ser um primeiro passo interessante, mas essas pessoas também precisariam ter uma chance justa de transformar as habilidades de programação em emprego.

Ao refletir sobre o pedido de voluntariado, você percebe outra coisa. Os imigrantes mais recentes podem não ter permissão legal para trabalhar, mas ninguém os impede de se voluntariarem, e ninguém os impede de receber doações. E se você montasse uma empresa de desenvolvimento web em seu nome e trabalhasse com "voluntários" em vez de "funcionários" que recebessem "doações" em vez de "salários"? Seria uma brecha ousada a explorar e executar, mas certamente valeria a pena testar a ideia.

No fim de semana, você toma um café com seu bom amigo, um cientista político chamado Arthur Lebkuchen. A conversa gira em torno do crescimento alarmante do partido populista de extrema-direita, o Alternative Für Deutschland, e como ele parece capitalizar as manchetes sensacionalistas e reportagens muitas vezes imprecisas tão compartilhadas nas mídias sociais. Quanto mais as pessoas leem e transmitem esses conteúdos, mais normalizadas se tornam as ideias xenófobas e anti-imigração.

Arthur salienta que é quase impossível impedir a criação de *fake news* em nosso mundo altamente conectado, mas que provavelmente é possível torná-las menos acessíveis. Como programadora habilidosa, você sabe que os links que aparecem em uma pesquisa no Google não são aleatórios, mas classificados de acordo com certas métricas. Os algoritmos tendem a classificar os links compartilhados por fontes confiáveis (como sites de universidades ou governos) em posições mais altas. E se você criasse uma parceria com uma rede de professores universitários que repassassem notícias verificáveis e checadas? Desse modo, essas fontes confiáveis poderiam ter mais chances de aparecer em primeiro lugar nas pesquisas das pessoas.

É uma ideia interessante, mas, depois de conversar com Arthur, você percebe que pode não funcionar, já que as notícias — sobretudo as *fake news* — costumam ser mais disseminadas por meio de mídias sociais e aplicativos de mensagens diretas do que por pesquisas no Google. Além disso, você está mais empolgada em ajudar seus novos amigos e vizinhos do que em gastar tempo atrapalhando os *trolls* de extrema-direita. Talvez os padrões de autorreforço na disseminação de *fake news* não sejam algo em que você esteja disposta a trabalhar neste momento.

Pedalando para casa depois do café com Arthur, você continua pensando em como poderia tornar a vida um pouco mais fácil para as pessoas que acabaram de chegar à Alemanha. Você percebe que pensou em reaproveitar recursos, tirar proveito de regras e romper padrões de autorreforço, mas ainda não levou em conta outras relações — talvez a intervenção mais óbvia de todas: outros imigrantes e refugiados passaram pela mesma burocracia e pode ser que alguns estejam dispostos a ajudar. É hora do jantar, e todos os excelentes restaurantes sírios espalhados pela cidade estão na sua cabeça. Talvez você possa conectar proprietários e funcionários de restaurantes aos imigrantes recém-chegados em busca de orientação.

Ao pensar sobre o tipo de assistência que os recém-chegados podem considerar mais importante, você retorna à sua primeira ideia, que envolvia o uso de recursos dedicados ao turismo. E se, em vez de reaproveitar recursos tangíveis, você pegar carona em uma rede de turismo existente, como a Couchsurfing? Essa comunidade on-line conecta viajantes a anfitriões dispostos a compartilhar suas casas, mas talvez essa rede social (ou algo do tipo) também possa ajudar os imigrantes a encontrar moradias temporárias. Além de atender a uma necessidade urgente, ainda haveria o benefício extra de não precisar interagir com representantes do governo.

Hilda, de fato você concebeu algumas ideias interessantes e viáveis para lidar com uma série de problemas em um sistema altamente complexo. Mas como escolher qual caminho seguir primeiro? Bem, isso é você quem decide. Existe a opção de começar pela abordagem que, na sua opinião, pode causar o maior impacto, ou por onde suas habilidades seriam melhor aplicadas — o importante é começar. Depois que a tangente é colocada em execução, você poderá, se assim quiser, revisar sua abordagem, recomeçar com outra ideia ou redefinir seus objetivos ao longo do caminho caso surja outra inspiração.

DA INSPIRAÇÃO À IMPLEMENTAÇÃO

A tentativa de criar tangentes requer flexibilidade, e a flexibilidade pode ser particularmente útil para abordar problemas complexos e mal especificados, que tendem a atrapalhar as estratégias de gerenciamento tradicionais. Organizações mais ousadas se destacam nessas atividades flexíveis exatamente por não poderem confiar muito nas formas tradicionais de resolver problemas. Se você se permitir embarcar em um exercício iterativo e de fluxo livre, também será capaz de notar diferentes saídas pela tangente com o apoio de algumas peças simples e fundamentais, que se adaptam não apenas aos seus contextos, mas também às suas motivações.

Quando executo esses exercícios de ideação com alunos, sempre há um grupo que tenta mapear todas as possibilidades, usando todas as peças. Tal perfeccionismo leva ao fracasso. Não presuma que você vai encontrar seu destino tão depressa. Boas ideias nos levam a alguns lugares desconhecidos. Lembre-se de que, ao construir com peças de Lego, podemos explorar diferentes configurações e usar tantas peças quanto quisermos. Assim como quando tentamos ajudar o sr. Lobo, nem toda pergunta era produtiva ou viável, e algumas ideias eram mais atraentes ou apropriadas do que outras. O que é "apropriado" depende do seu julgamento, e varia de acordo com os recursos, a capacidade, a quantidade de tempo que deseja dedicar ao trabalho e o tipo de impacto que espera. Como o exemplo da personagem Hilda ilustra bem, após encontrar uma possibilidade de sair pela tangente que desperte seu interesse, e que pareça viável, você está pronto para começar a implementá-la.

Em última análise, o que há de mais importante nessas ideias está na prática. Por mais que deseje garantir que você tenha sucesso, e para isso incentive que você siga uma receita, ainda assim não posso dar essa garantia. A beleza — e o desafio — das tangentes está em experimentá-las. Por ser aplicarem a situações complexas, será preciso sujar as mãos.

Isso não significa que você precisa usar as mãos para cavar um buraco. Embora todos os desafios tenham um contexto único, resultados desejados e cenários pessimistas, minha pesquisa me ajudou a identificar várias dicas para a implementação de tangentes, e todas foram construídas graças às histórias de ousadia de algumas organizações. Portanto, se mantiver em mente as lições que aprendeu sobre as quatro abordagens às tangentes da Parte I, e se abraçar a mentalidade e a atitude descritas na Parte II, certamente estará preparado para tomar decisões intuitivas e driblar obstáculos. Em outras palavras, estará preparado para pensar e agir como uma dessas organizações ousadas!

Como foi dito na Parte I, quanto mais tentamos contornar problemas, mais desenvolvemos um talento especial para isso, e uma tangente pode levar a outra. Quando a Women on Waves começou a usar uma brecha para oferecer abortos seguros a bordo de um navio, seu envolvimento em uma área abriu espaço para outras oportunidades. Em pouco tempo, a organização estava fornecendo recomendações específicas a cada país para as mulheres que precisavam ter acesso a assistência de saúde reprodutiva. Isso ocorre porque, ao explorar possibilidades, você naturalmente fará novas perguntas, e suas primeiras tentativas darão origem a um monte de outras ideias imprevistas — ainda mais se usar os exercícios de ideação mostrados aqui de forma repetida, a cada vez que esbarrar em novos problemas e desafios pelo caminho.

Algumas dessas ideias e tentativas de contornar obstáculos serão úteis, e outras serão absurdas — faz parte da jornada que se ramifica rumo a lugares inesperados. E, à medida que nos aventuramos em novas paragens, todos devemos ser um pouco como Alice perguntando ao Gato Cheshire que caminho deveria seguir. O Gato responde: "Isso depende muito de onde você quer chegar." Alice, no entanto, não parece ter um destino específico em mente: "Não me importa muito onde... desde que chegue a ALGUM LUGAR."[9] Se você começar a explorar novos caminhos, chegará a algum lugar.

E não se preocupe muito, afinal, toda a ideia por trás das tangentes é que elas são factíveis, buscam resultado "bom o suficiente" e não demandam muito tempo, recursos ou poder.

8
As tangentes em sua organização

Sempre sou procurado por profissionais — do setor bancário, ou advogados — que querem conseguir imediatamente um emprego remunerado para trabalharem com refugiados. Eu digo a eles: você contrataria alguém que não tenha outra qualificação além do trabalho com refugiados para trabalhar em seu banco ou para defender um caso no tribunal? [1]

— Mary Anne Schwalbe

Essa fala resume uma frequente frustração minha nos anos em que trabalhei em escolas de administração, onde não é incomum encontrar funcionários de consultorias como a McKinsey ou a Goldman Sachs (ou ex-funcionários recentes) ansiosos por transmitir sua sabedoria ao terceiro setor e combater a pobreza, a desigualdade ou os desafios da saúde. Não tenho nada contra quem deseja impulsionar sua trajetória profissional ou causar um impacto mais direto e positivo na vida de outras pessoas, mas discordo da suposição de que as empresas são naturalmente superiores, mais bem geridas e melhor preparadas do que as organizações sem fins lucrativos. Também discordo de que qualquer organização que pretenda causar impacto teria mais sucesso se imitasse as empresas que existem para maximizar os seus lucros.

E não são apenas alguns ex-funcionários da Deloitte que saltam de paraquedas em muitas empresas, propondo salvar as iniciativas sociais de si mesmas. Artigos acadêmicos, livros best-sellers, políticos e *think tanks* repetem com frequência a ideia convencional de que todas as organizações podem melhorar ao se tornarem mais parecidas com empresas, ignorando o fato de que diferentes organizações têm diferentes objetivos e possibilidades. Vou levar minha afirmação um passo adiante: não só devemos combater a suposição de que todas as organizações se beneficiariam ao emular empresas, como também as empresas podem aprender com a ousadia de organizações que não são movidas pela obtenção de lucros.

Sim, a citação de abertura deste capítulo faz sentido — e em mais de um aspecto. Ela não apenas articula uma visão que eu vinha desenvolvendo à medida que aprendia com minha pesquisa, mas essas palavras foram ditas por Mary Anne Schwalbe, diretora fundadora da Comissão de Mulheres Refugiadas, cujo filho editou a versão em inglês do livro que você está lendo.

A pesquisa por trás deste livro tem como base o conhecimento e as experiências dessas organizações ousadas, de empreendedores sociais nada convencionais e de hackers em todo o mundo. Ou seja, não se baseia na expertise de grandes empresas ou de potências globais, mas sim de pessoas comuns com recursos limitados, muitas vezes agindo às margens do sistema. Este capítulo explora como as organizações podem levar a sério esses ensinamentos e se tornar mais receptivas às saídas pela tangente. Mais especificamente, refletiremos sobre recomendações de estratégia, cultura, liderança e trabalho em equipe que podem ajudar a desenvolver tangentes em organizações de todos os tamanhos e setores.

ESTRATÉGIA

Diferentes estratégias de negócios podem promover ou dificultar a adoção de tangentes. Para abraçar e facilitar o uso dessas abordagens em sua organização, é preciso sacudir a poeira de alguns velhos princípios de gestão de eficiência, planejamento a longo prazo e tomada hierárquica de decisões, e buscar informações mais completas para tomar decisões mais adaptáveis. Isso envolve planejar menos, adotar tomadas de decisão mais horizontais, mudar a rota para responder às oportunidades à medida que surgem, pivotar e usar de sobreposições para tirar o melhor proveito de oportunidades imprevistas e decidir como ampliar o seu impacto.

Planejar menos

A obsessão pelo planejamento dificulta a implementação de saídas pela tangente. Indivíduos e organizações — financiadores globais, empresas, governos e grupos comunitários — que acreditam ser capazes de resolver todos os problemas com um plano de longo prazo pensam que planejamento racional, avaliação abrangente e implementação lógica substituem a adaptação. Mas, apesar das melhores intenções por parte dessas organizações, temos visto com frequência que muitas vezes é impossível para elas planejar saídas para problemas complexos.[2]

O planejamento excessivo explica por que grandes projetos inovadores tantas vezes prometem demais, gastam demais ou se arrastam por tempo indeterminado. É também a razão pela qual tantos não aproveitam as oportunidades que nos cercam: gastamos tanto tempo e energia concentrados em seguir o plano que nós (ou as nossas culturas, famílias ou organizações) estabelecemos para nós mesmos, que negligenciamos a possibilidade de avaliar e reavaliar nosso horizonte de possibilidades e desejos. Apesar da nossa obsessão pelo planejamento, estudos em psicologia sugerem que, a longo prazo, parecemos lamentar mais a inação do que a ação. Os arrependimentos mais comuns incluem, por exemplo, não ser capaz de aproveitar oportunidades de negócios lucrativas ou não ir para a faculdade.[3] Em outras palavras, lamentamos mais nossa inação do que nossos fracassos em si.

Não apenas nos comprometemos demais aos nossos planos às custas de novas ou futuras oportunidades, como pagamos um preço alto pelo ato de planejar. Quando encaramos as decisões, sobretudo as difíceis, como qual carreira seguir ou como investir, tendemos a ser soterrados por debates internos. Nas palavras do romancista inglês Ian McEwan, "em momentos importantes de tomada de decisão, a mente poderia ser vista como um parlamento", e não como uma única voz da razão.[4] Hesitamos, tentamos espiar longe demais no futuro, contar com o incerto e, às vezes, mascaramos nossa insegurança com excesso de comprometimento.

Em vez de tentar antecipar e decidir cada detalhe desde o início, incentive você mesmo e as pessoas ao seu redor a dar pequenos passos exploratórios. Porque, como diz o educador canadense Laurence J. Peter, "alguns problemas são tão complexos que é preciso ser altamente inteligente e bem-informado para ainda ficar indeciso sobre eles".[5] Sugiro, então, que você pare de buscar inteligência e informações perfeitas e comece a agir. Como as tangentes exigem menos tempo e recursos do que as abordagens padronizadas e bem planejadas, não há muito a perder, e desse modo será mais fácil desenvolver o que funciona e se afastar do que não funciona, sem ter que repensar toda a operação.

Além disso, podemos até aplicar tangentes a problemas que não entendemos muito bem. Médicos que divulgam a abordagem da mudança de hábitos aconselham a "buscar a saúde, não a missão cumprida".[6] Se o objetivo é levar uma vida saudável, você pode planejar perder dez quilos, mas a perda de peso não vai necessariamente resolver todos os seus problemas de saúde. À medida que seu corpo muda, você precisa continuar se adaptando e reavaliando o que significa ser saudável. Por exemplo, uma rotina de treinos intensa demais pode levar a um vício em exercícios ou a uma lesão no joelho. Se você fizer uma dieta sem carboidratos por um longo prazo, poderá desenvolver um problema hepático alguns anos depois, ou encontrar outros problemas difíceis de prever. Isso significa que você deve abandonar seu objetivo de perda de peso? É óbvio que não. Mas você precisa, sim, reconhecer que um critério limitado de boa saúde (como perder peso) não consegue, não pode e não deve dar conta de algo tão complexo e, muitas vezes, imprevisível. Em vez de fincar os pés e planejar um alvo final geral, explore diferentes caminhos que aceitem bem a natureza da complexidade na busca pela saúde, em vez de fingir que um bom planejamento levará a uma solução perfeita e fará o problema desaparecer.[7]

Quem toma as decisões?

Você deve se lembrar que comecei a explorar saídas pela tangente depois de estudar o comportamento dos hackers — os quais, conforme descobri, são a contraposição daquilo que se vê na maioria dos ambientes corporativos. Em vez de buscarem diplomas de prestígio ou treinamento especializado, os hackers novatos simplesmente aprendem sozinhos. Enquanto a maioria das empresas depende de hierarquias rígidas e áreas cuidadosamente delimitadas, hackers anônimos podem trabalhar no que quiserem, quando quiserem, ensinando e aprendendo ao longo do caminho. Ao contrário das organizações que atribuem a responsabilidade por determinados projetos (e pelos seus sucessos ou fracassos) a indivíduos ou equipes específicas, os hackers se desenvolvem a partir de colaborações que valorizam as contribuições sem atribuir propriedade.[8]

Nem é preciso dizer que as organizações podem aprender muito com eles. Muitas das tangentes mais eficientes exploradas na Parte I se beneficiaram da cooperação entre os hackers e da colaboração entre agentes e recursos aparentemente desconexos.

Ambas são complementaridades surpreendentes muitas vezes desencorajadas em organizações hierárquicas e compartimentadas.

Para se inspirar nos hackers, uma organização poderia articular uma visão central de unidade, ao mesmo tempo que permite que ideias sejam compartilhadas e modificadas mais livremente. Motivados pela criatividade e pela curiosidade, mais do que por ter seu nome ou status reconhecido, os hackers também são empreendedores e encontram alguns dos mesmos desafios que as organizações mais tradicionais. Muitos projetos de código aberto implementados por conta própria equilibram a necessidade de responsabilidade e arbitragem com colaboração e flexibilidade, por meio do chamado modelo Benevolent Dictator for Life, ou BDFL (originalmente uma referência a Guido van Rossum, que criou a linguagem de programação Python). Nesse modelo, qualquer pessoa pode implementar melhorias e fazer alterações no sistema, mas o fundador mantém a palavra final caso surjam grandes disputas ou decisões sobre a estratégia futura.[9]

Tal como o trabalho de hackers e das comunidades de programadores de código aberto, as tangentes se beneficiam de ambientes abertos e colaborativos precisamente porque a inovação não começa do nada. Na verdade, ela resulta de uma junção de contribuições, conhecimentos e experiências que se combinam para ampliar o que é possível. A ênfase excessiva na propriedade de uma tarefa ou domínio específico dificulta essas explorações orgânicas e cria uma barreira à recombinação de contribuições, contextos, adaptações e indivíduos.[10]

Mudando o rumo

Usar estratégias de tangente significa adotar a flexibilidade, o que como consequência significa se sentir confortável com os inícios difíceis, as insuficiências e os fracassos.

As tangentes muitas vezes surgem como respostas orgânicas a problemas complexos, por isso pode ser difícil prever se determinada intervenção vai se tornar uma experiência única ou uma iniciativa escalável. Incentivar saídas pela tangente implica estar aberto a um desses resultados e a qualquer coisa no meio disso. Alguns, como os azulejos com deuses hindus nos muros da Índia, têm expectativa de vida finita. Quando um deles se solta, a parede fica de novo suscetível ao hábito de urinar em público. Outros podem ser laboratórios de ensaio para operações em grande escala: as operações da Zipline em Ruanda podem ajudar a empresa a desenvolver projetos e conceitos de entrega com drones em países com espaços aéreos mais movimentados. Outros ainda podem falhar — ou inicialmente parecer falhar — por completo. Quando a Women on Waves fez a sua viagem inaugural em 2001, não conseguiu oferecer abortos às mulheres na Irlanda porque o navio ainda não tinha obtido as licenças holandesas adequadas que permitiriam aos médicos realizar abortos. No entanto, esse aparente "fracasso" uniu a equipe para mobilizar outros apoiadores e identificar os próximos passos necessários.

A implementação e facilitação das tangentes requer estar disposto a dançar conforme a música. O desenvolvimento desse tipo de consciência ajudará você a identificar oportunidades para sair pela tangente e os sinais de alerta de que isso pode de fato não estar funcionando. Como muitas tangentes requerem relativamente pouco investimento, pode ser menos doloroso fazer uma avaliação, ajustar o curso ou até interromper uma tentativa malsucedida. O ideal é que esse tipo de reflexão e reformulação em constante aprimoramento promova um ambiente que incentive muitas tentativas e erros de baixo risco. Esse tipo de momento criativo é fundamental e requer que você atue em meio aos seus desafios e reajuste a rota se e quando necessário.

Pesquisas em psicologia nos dizem que realizar tarefas pequenas e imediatas nos permite criar impulso para realizar outras. Podemos usar esse impulso como motivação para continuar explorando e experimentando. Em 1996, os pesquisadores Roy Baumeister, Ellen Bratslavsky, Mark Muraven e Dianne Tice assaram uma grande fornada de biscoitos de chocolate, enchendo o laboratório com seu aroma inegavelmente saboroso. Em seguida, receberam dois grupos de participantes para um estudo e pediram que esperassem em uma sala antes de realizar uma tarefa que, sem o conhecimento dos participantes, havia sido projetada para ser impossível de terminar. Na sala de espera, um grupo foi incentivado a aproveitar os biscoitos recém-assados, enquanto o outro foi instruído a comer rodelas de rabanete. Os que comeram rabanete desistiram da tarefa complicada mais depressa do que os que comeram as delícias de chocolate.[11] Além de nos ensinar a nunca recusar um biscoito de chocolate, esse famoso experimento ilustra a importância de manter o impulso e evitar o esgotamento. Permitir que você ou sua organização aproveite os impactos de curto prazo de uma tangente, além de ajudar a avaliar sua viabilidade e seus próximos movimentos, pode deixar você mais bem preparado para aproveitar oportunidades futuras.

Pivotar e sobrepor

Não é surpresa que esse tipo de fluxo engajado, curioso e dinâmico traga benefícios além de determinar se uma tangente é viável ou não. Ao ficar em sintonia com a mudança nos recursos que uma situação apresenta ou exige, você estará melhor preparado para pivotar e sobrepor suas tangentes.

Pivotar significa redirecionar sua atenção para atender a necessidades ou contingências que você não havia previsto.[12] Quando Nick Hughes começou a implementar o sistema M-Pesa no

Quênia, a ideia era fornecer microcréditos que aproveitassem as redes de infraestruturas existentes da Safaricom. Mas, durante os testes, a equipe de Hughes percebeu que o principal desafio para os quenianos não era a falta de dinheiro, como pensavam a princípio, e sim a movimentação do dinheiro. Para pivotar, a equipe da M-Pesa precisava agir conforme as evidências que haviam recolhido — uma tarefa que não é muito simples de cumprir. A decisão de pivotar pode ser difícil, pois pode causar a impressão de que você está abandonando seus esforços anteriores e todo o tempo ou recursos já investidos. No entanto, não conseguir pivotar pode ser muito mais prejudicial, fazendo com que você desperdice recursos preciosos em "soluções" inferiores, e perca outros caminhos mais promissores.

Sobrepor exige, da mesma forma, estar aberto a novas ideias, mas envolve a combinação de um conjunto de tangentes para atingir seu objetivo. Scheherazade aplicou a mesma saída pela tangente, noite após noite; o então governador Flávio Dino combinou uma série de tangentes diferentes para importar respiradores para seu estado durante a crise da pandemia de Covid-19; muitas pessoas e comunidades diferentes desafiaram e gradualmente ampliaram os limites da criptografia, o que acabou dando origem ao bitcoin. Essas abordagens complementares demonstram como a sobreposição de tangentes pode multiplicar a sua eficácia e abrir possibilidades completamente novas.

Desenvolver as competências necessárias para pivotar e sobrepor também pode ajudar a ampliar o impacto. Rebecca Gomperts, por exemplo, tornou-se uma referência na detecção de brechas nos sistemas jurídicos que proibiam o aborto. Em conjunto com colegas, ela se valeu de muitas outras brechas, indo além da realização de abortos em águas internacionais. Mas mesmo esses mestres da inovação têm seus limites: percebi que quando um indivíduo ou organização começa a usar um tipo de tangente, começam a se especializar e a usar cada vez mais esse mesmo tipo. Por isso, incentivo você a se desafiar a combinar diferentes tipos e a praticar todos eles. Cada uma das abordagens tem seus próprios pontos fortes e fracos.

Expandindo o impacto

Embora as tangentes possam fornecer soluções rápidas, úteis e específicas, também podem ser desenvolvidas para atingir metas de longo prazo. Às vezes, uma solução rápida cresce e se transforma em algo maior. Como as tangentes — e seus objetivos — evoluem, você provavelmente vai enfrentar perguntas complicadas sobre se deve ampliar o impacto — e como.

Ao praticar a experimentação ativa (em vez de planejar demais cada etapa ao longo do caminho), será necessário refletir sobre como alinhar suas ações com seus objetivos. Pensar nas diferentes direções de uma expansão (conhecidas como *scale up*, *scale deep* ou *scale-out*) pode ajudá-lo a calibrar sua tangente a seu contexto e suas expectativas.[13] Você deseja ampliar seu alcance ("scale up")? Você quer se aprofundar ("scale deep"), com o objetivo de estabelecer laços mais longos e duráveis? Ou você quer dar autonomia ("scale-out") aumentando a autossuficiência de sua tangente e tornando seu próprio envolvimento obsoleto?

Ampliar (*scale up*) significa replicar a tangente a diferentes contextos e expandir seu alcance. Na Women on Waves, o objetivo é fornecer serviços de aborto acessíveis a mulheres que residem em países onde o aborto é ilegal. A primeira tangente da dra. Gomperts (proporcionar abortos seguros em um navio holandês em águas internacionais) poderia, em princípio, ser replicado perto de qualquer país com litoral. Não importa muito se o navio navegar para a Polônia, o Brasil ou o Marrocos. A segunda tangente da organização (envio de pílulas abortivas com receita de um médico holandês) é ainda mais flexível e tem maior potencial de crescimento, porque menos tempo e recursos são necessários para enviar medicamentos pelo correio do que para navegar até diferentes países.

Aprofundar (*scale deep*) significa estabelecer laços mais fortes e tornar-se (você ou sua organização) mais inserido no contexto onde sua tangente opera.[14] "Ampliar" e "aprofundar" não são conceitos mutuamente exclusivos — pense em como a M-Pesa seguiu ambas as estratégias simultaneamente. Embora a Vodafone e a Safaricom tenham ampliado os serviços da M-Pesa para chegar a diferentes países, também garantiu que a nova plataforma bancária se tornasse mais "profundamente" ligada aos governos locais, às empresas e até aos bancos tradicionais no Quênia. Ao se concentrar nesses fatores locais e contextuais, a M-Pesa influenciou gradualmente as políticas do país e a vida quotidiana dos seus cidadãos, mais do que teria feito se não tivesse olhado para além do seu propósito original.

Focar na autonomia (*scale-out*) garante que sua tangente vai durar mais que você. Se a tangente depende do seu conhecimento, esforço ou recursos, o que acontece quando você sai (por exemplo, quando você assume um novo cargo ou se aposenta, quando seu financiamento acaba, quando sua empresa muda as prioridades etc.)? Essa reflexão é particularmente relevante no contexto do desenvolvimento internacional: países de baixa renda têm visto tantas organizações de ajuda[15] e empreendedores que se consideram "heróis" e muitas vezes se vendem como "messias brancos".[16] Em vez de resolverem os problemas, suas intervenções muitas vezes criam mais dependência, e em certos casos até pioram as coisas.[17] Quando um ciclo de financiamento termina ou o empreendedor se envolve com outros projetos, os curativos se soltam e causam hemorragias: as infraestruturas entram em colapso, o dinheiro é desinvestido e as pessoas perdem a esperança de que as coisas possam mudar. Quando fui à Zâmbia para estudar a ColaLife, os moradores relataram que, ao avistar um sinal da USAID, logo presumiram que o projeto entraria em colapso após a sua conclusão.

Os fundadores da ColaLife compartilhavam dessa frustração. Desde o início, Jane e Simon Berry sabiam que o impacto da organização deveria ser capaz de se sustentar sem a presença deles. Nas palavras de Simon: "Sabíamos desde o início que queríamos que o projeto fosse autossustentável, e para isso planejamos o nosso próprio desaparecimento." Eles aplicaram tangentes atrás de tangentes, e fizeram uso das estruturas existentes, o que aos poucos foi tornando suas presenças redundantes a ponto de poderem deixar o país, nas palavras de Jane, "sem serem notados". Embora tenham começado com uma única tangente, eles acabaram usando muitas outras para capacitar pessoas, construir autonomia e conectar melhor os agentes locais entre si, de forma que fosse possível levar (*scale up*) a iniciativa para mais distritos em todo o país. Quando os Berry partiram, o acesso ao tratamento da diarreia havia aumentado de maneira orgânica, com a liderança dos agentes locais.

CULTURA CORPORATIVA

Tangentes surgem em todos os tipos de organizações, de diferentes tamanhos e setores. Desde conglomerados hierárquicos de mineração até startups da moda, três atributos-chave na cultura corporativa podem moldar a forma como as pessoas criam, buscam e valorizam as tangentes: dinamismo, pragmatismo e responsabilidade. As três melhores práticas para implementá-las são: agir primeiro, pensar depois; alcançar o "bom o suficiente"; e pedir perdão, em vez de permissão. Vamos nos aprofundar em cada uma delas.

Agir primeiro, pensar depois

A essência de uma estratégia de tangente é que ela deve ser rápida, maleável e bem adaptada às circunstâncias que se transformam, incluindo redes, recursos e conhecimento. No entanto, muitas vezes não conseguimos reconhecer que as novas experiências não apenas mudam a forma como pensamos. Elas também mudam quem nos tornamos — ou, como diz o teórico organizacional Karl Weick: "Como posso saber quem sou até ver o que faço?"

A professora da London Business School, Herminia Ibarra, afirma que temos que inverter a ideia convencional que nos exige "pensar antes de agir" se quisermos promover mudanças. Somente depois de tentarmos algo desconhecido é que podemos observar os resultados, perceber sua sensação, observar como os outros reagem e refletir sobre o que a experiência nos ensinou.[18]

Adotar uma abordagem ativa e dinâmica como essa não significa que você deve pensar menos. Na verdade, significa que nossos processos de criação de sentido — as formas como interpretamos aquilo que nos rodeia, desenvolvemos nossas identidades e identificamos nossas possibilidades — acontecem em situações de ambivalência e dúvida, porque o mundo que nos rodeia é complexo e está em constante mudança. Encorajo você a primeiro abraçar a incerteza e a explorar as oportunidades que ela produz, e só depois refletir sobre as suas reações.[19]

Quando a ColaLife começou a implementar sua ideia, a primeira coisa que fez foi desenvolver a embalagem adequada para o medicamento, e explorou sua ideia da carona por meio de um teste experimental. Agindo antes de pensar, Simon, Jane e seus parceiros locais se envolveram com muitas partes interessadas, e depois coletaram dados e observações sobre o que funcionou e o que não. Depois de executar e avaliar o teste, eles perceberam que o espaço nas caixas da Coca-Cola não era o que mais importava.

Os transportadores — as pessoas que entregavam bens de consumo em regiões remotas de bicicleta ou motocicletas — costumavam prender os pacotes de remédio em torno das caixas do refrigerante e de outros produtos, como açúcar, café e óleo de cozinha. O design da embalagem desenvolvido pela ColaLife foi premiado, algo bem legal, mas, na verdade, foi a interação entre todos os membros da cadeia de valor que possibilitou a construção de um modelo autossustentável. Jane e Simon precisaram agir para reagir às informações que obtiveram. Eles então pivotaram, e literalmente deixaram de pegar carona com as embalagens de Coca-Cola para pegar carona na forma mais abstrata das cadeias de valor de bens de consumo preexistentes. Esse dinamismo permitiu que a tangente se expandisse depressa por todo o país.

Alcançar o "bom o suficiente"

Mesmo as maiores empresas do mundo não têm conhecimento e informações completas sobre seus problemas, e seus recursos e competências são sempre limitados. Ainda que fosse possível obter um retrato perfeito da realidade, seu conhecimento ficaria desatualizado quase imediatamente, porque o mundo muda de forma muito rápida e imprevisível. A realidade da nossa informação imperfeita é a razão pela qual precisamos valorizar abordagens incompletas e parciais: elas podem ser desengonçadas, mas, nas palavras de Steve Rayner, que foi professor na Universidade de Oxford, "funcionam bem pra caramba".[20]

Então, qual é a melhor maneira de criar um ambiente favorável ao desenvolvimento pessoal em uma organização e, ao mesmo tempo, reconhecer e valorizar de verdade a imperfeição? Podemos começar aprendendo com os estudos de desenvolvimento infantil. O psicanalista britânico Donald Winnicott foi o primeiro a criar a ideia de um ambiente "facilitador" (*holding*). Ele observou como pais que eram disponíveis e tranquilizadores, em vez de exigentes e intrusivos, proporcionavam um ambiente de acolhimento que facilitava o crescimento saudável dos filhos. Nem muito relaxados nem muito protetores, os pais "suficientemente bons" são os mais bem preparados para conduzir as crianças até à idade adulta. Eles proporcionam espaço para que se sintam confortáveis e curiosas, ao mesmo tempo que as apoiam, mas não as sufocam, o que gradualmente desenvolve um senso de identidade mais robusto e independente. Esses futuros adultos serão até capazes de identificar os erros dos pais — e isso é excelente: as crianças precisam aprender a lidar com um mundo que é imperfeito e complexo.[21]

Um ambiente facilitador é exatamente o tipo de cultura em que as tangentes florescem. Pense nas tantas e tão jovens organizações ousadas, citadas na Parte I: por não terem muito em termos de recursos ou poder, elas adotaram uma postura de "bom o suficiente", e isso permite tentativas das quais surgem soluções parciais, imperfeitas e não convencionais.

No entanto, assim como pais muito rígidos, os líderes de grandes organizações costumam ter uma visão sobre qual é a abordagem "certa", e isso sufoca o desenvolvimento pessoal de sua equipe. A cultura da "perfeição" incentiva a equipe a pensar em objetivos, ferramentas e oportunidades de forma tradicional em vez de criativa, e isso os faz se sentirem confiantes demais sobre seguir em certa direção. Com isso, todos os outros caminhos que poderiam ser descobertos por meio da experimentação com o desconhecido se perdem.

As organizações ousadas apresentadas na Parte I alteraram o estado das coisas e inspiraram novas oportunidades de mudança, ampliando o limite das possibilidades. Por exemplo, quando a dra. Gomperts começou a realizar abortos em águas internacionais, a maioria pensava que "nada era possível" para as mulheres em países onde os abortos eram ilegais, exceto o árduo processo de alterar a legislação dos países. Graças à abordagem prática de Gomperts, outros aderiram à sua causa, mobilizaram-se e foram inspirados a experimentar formas novas e suficientemente boas de pressionar por mudanças.

Essa cultura da praticidade pode ser cultivada em empresas de todos os tamanhos e setores, mas principalmente naquelas que desenvolvem tecnologias de ponta. Isso pode até ser promovido por uma série de tangentes vindas diretamente dos porões da empresa. Vamos lembrar como a postura desafiadora dos *bootleggers* da 3M e da Hewlett-Packard transformou a cultura dessas empresas e levou a políticas que apoiam a autonomia e a flexibilidade para a inovação. Uma cultura de pragmatismo não precisa necessariamente começar de cima para baixo: os próprios funcionários podem desencadear essas mudanças ao contornar as normas e desafiar os colegas a verem o valor de uma abordagem mais experimental e imperfeita.[22]

De certa forma, o pragmatismo e as tangentes constituem um comportamento que se autorreforça: quanto mais os funcionários contornam os seus obstáculos, mais esse comportamento tende a instigar uma cultura de pragmatismo na organização, e quanto mais a cultura do pragmatismo é partilhada por outros, provavelmente mais tangentes serão concebidas e implementadas.

Pedir perdão em vez de permissão

Como as tangentes ignoram todos os tipos de obstáculos visíveis, não espere que elas vinguem em culturas que exigem que os membros peçam permissão para tudo. As culturas propícias a sair pela tangente fazem uso de algumas regras (caso contrário, o que haveria para ser contornado?), mas as tangentes prosperam naquelas em que as regras são desprezadas.

Universidades centenárias, como Oxford e Cambridge, têm muitas regras decorrentes de tradições de longa data. Em Cambridge, essas regras vão desde não pisar na grama de certas faculdades, até não cantar "parabéns" na presença dos professores, e a ser obrigado a ficar dentro de um raio de 5 quilômetros da igreja de Great St. Mary por pelo menos 59 noites a cada período. As pessoas não levam essas tradições muito a sério. De fato, muitos estudantes se orgulham de desprezá-las e desrespeitá-las, e muitas vezes vi pessoas pensando (ou tentando ativamente) contorná--las. Às vezes, isso resultava em brincadeiras (os porteiros, sempre atentos, permitiriam rastejar em vez de andar pela grama?), mas quase sempre o resultado traduziu-se melhor em produtividade. Os funcionários e os alunos costumam aproveitar a ambiguidade das regras para contorná-las.

Este livro, por exemplo, nasceu de uma exploração possibilitada por uma tangente. Quando me candidatei ao doutorado em Cambridge, queria estudar como hackear todos os tipos de sistemas complexos para resolver questões urgentes ligadas à sustentabilidade. Era um território desconhecido para mim: eu sabia muito pouco sobre o tema, havia poucas evidências sobre a atividade hacker na época, e ninguém havia estudado o "hacking" como um meio de acelerar a tão necessária mudança socioambiental. Porém, eu sabia que seria visto como um projeto muito arriscado pela universidade, já que teria que me envolver com hackers, quase sempre donos de má reputação midiática. Eu também sabia que o processo seletivo em Cambridge é competitivo e, tendo estudado no Brasil a maior parte da vida, eu competiria com outros candidatos com diplomas de universidades de elite nos Estados Unidos e na Europa. Eu precisava de uma proposta de pesquisa incrível para entrar, e o momento não era propício para estudar hackers. Então, contornei meus obstáculos: escrevi uma proposta de pesquisa sobre um tema diferente que conhecia bem e que era certamente atraente para a universidade e os órgãos financiadores. Felizmente, quando entrei no Institute for Manufacturing em Cambridge, o espírito geral era justamente "pedir perdão, em vez de permissão". Portanto, não pedi permissão — se minha ideia sobre os hackers funcionasse e eu conseguisse convencer a universidade e meus financiadores de que valia a pena ir atrás dela, excelente. Caso contrário, eu poderia continuar com minha outra pesquisa.

Embora esse espírito compartilhado não fosse uma regra formal, uma instrução repetida tantas vezes criou um ambiente que alimentava ideias desviantes, por vezes destinadas a ultrapassar os limites da ciência e da educação, uma tangente de cada vez.

LIDERANÇA

Em um artigo para a revista *The New Yorker*, Malcolm Gladwell escreveu: "A grande realização da vida de [Steve] Jobs é a eficácia com a qual ele colocou suas idiossincrasias — sua petulância, seu narcisismo e sua grosseria — a serviço da perfeição."[23] Dois problemas com o conceito de "perfeitos *outliers*" ficam evidentes logo de cara. Primeiro, a representação e a idolatria de homens brancos e ricos como Steve Jobs são imprecisas e intrinsecamente ligadas a desigualdades generalizadas de raça, gênero e renda. Seu retrato nos leva a acreditar que homens como ele tinham habilidades raras semelhantes às dos heróis, quando, na realidade, os feitos atribuídos a eles não são apenas deles, e também se tornam justificativa para o mau comportamento — como petulância, narcisismo e grosseria —, muito mais relacionado a privilégios do que a aptidões. Segundo, a perfeição é superestimada. Trata-se de uma abstração inacessível, uma especulação. O mundo muda porque as pessoas estão constantemente tentando explorar caminhos *melhores* e controlar situações complicadas, e não porque alguns visionários encontraram e perseguiram o caminho *certo* graças à sua teimosia.[24]

Em vez de idolatrar os chamados "agentes da mudança", sugiro que nos concentremos em dois aspectos-chave que os pesquisadores da área de gestão subvalorizam na liderança: a importância de uma rede de segurança e a capacidade de gerenciar situações complexas.

Correr riscos

Adam Grant, professor da Universidade da Pensilvânia e o autor de best-sellers, reconhece que perdeu uma grande oportunidade de investimento porque partiu do princípio de que todos os empreendedores de sucesso são propensos a assumir riscos. Em seu livro *Originais: Como os inconformistas mudam o mundo*, Grant relata que um estudante de MBA lhe apresentou, em 2009, a proposta da Warby Parker, oferecendo a chance de investir na empresa de óculos que hoje vale bilhões de dólares. Grant recusou porque os cofundadores da Warby Parker não se comportavam como o estereótipo dos empreendedores de sucesso: não estavam dispostos a abandonar os estudos e não trabalhavam na empresa em tempo integral — na verdade, tinham alternativas de emprego para o caso de o lançamento da empresa falhar.[25]

Os livros de negócios costumam perpetuar o mito do aluno (tendem a se concentrar em homens, especificamente) que abandonou a universidade e, com grande determinação e força de vontade, foi atrás de suas ideias ousadas e se instalou na garagem dos pais. Esses líderes e tomadores de risco adiam a recompensa e resistem às tentações de curto prazo em busca de sua visão certeira. Embora essas histórias, incompletas e muitas vezes imprecisas, possam virar roteiros para seriados interessantes, é hora de desmascarar o mito do herói-visionário destemido. Muitos queridinhos da mídia retratados como grandes visionários que assumiram diversos riscos, na verdade, tinham uma rede de apoio e suas apostas eram limitadas. Por exemplo, Bill Gates, cujos biógrafos costumam retratar como o gênio-solitário-saído-da-garagem, por excelência, esperou um ano inteiro após vender um novo software antes de deixar a universidade e se dedicar à Microsoft em tempo integral. E ele nem abandonou a universidade, inicialmente: ele trancou a matrícula e contou com o apoio dos pais, mantendo suas opções abertas no caso de fracasso da Microsoft.[26]

A liderança não é uma capacidade inata de alguns indivíduos especiais. Ela é resultado de uma série de decisões em situações de incerteza, feita por seres humanos que sentem medo e erram enquanto exploram novas oportunidades. Em meio à incerteza, uma rede de segurança nos ajuda a limitar o risco de nossas apostas.[27] Muitas pessoas foram impedidas de se transformarem em líderes porque não tinham rede de apoio. Diferente de testar uma ideia de negócio, a criação de tangentes não requer uma grande rede de apoio inicial. De fato, tangentes tendem a florescer em contextos simples e improvisados. Nossos futuros líderes podem explorar alternativas partindo das margens do sistema, sem depender tanto de privilégios que os protejam enquanto testam uma tangente.

As coisas ficam mais complicadas quando as tangentes crescem e novas oportunidades surgem a partir delas. À medida que se desenvolvem, muitas vezes exigem mais esforços de implementação, e é nesse momento que uma rede de apoio se torna crítica. Pensemos sobre como algumas das tangentes mais impactantes descritas na Parte I foram criadas por pessoas que tinham empregos em tempo integral ou outras redes de apoio. Foi isso que lhes deu a estabilidade necessária para ir em busca de tangentes para lidar com as questões realmente importantes para elas. Por exemplo, muitos dos *cypherpunks* que expandiram os limites da criptografia tinham empregos em universidades (como MIT e Stanford) ou em empresas de TI (como a IBM). Ruth Bader Ginsburg trabalhava na Rutgers Law School enquanto se dedicava paralelamente a seus primeiros casos de discriminação de gênero com a União Americana pelas Liberdades Civis. Limitar o risco das apostas permitiu a todos desenvolver ainda mais suas tangentes, ampliando o seu impacto sem comprometer tanto suas vidas.

Gerenciando situações complexas

O mito do caminho certo surge com a expectativa de que os líderes têm uma visão inegociável a ser perseguida com paixão, ainda que contra todas as probabilidades. A suposição por trás disso postula que o futuro é predeterminado, mas só se revela a alguns seres privilegiados que negociam o presente para guiar todos nós ao inevitável. Gianpiero Petriglieri, professor do INSEAD, conta que quando perguntou aos alunos o que constitui um bom líder, alguém prontamente disse "visão", e todos assentiram. Os estudantes tendem a pensar que indivíduos visionários direcionam e motivam as massas, que vão segui-lo aonde for. Petriglieri mostra que, na verdade, líderes eficientes interpretam os momentos de incerteza, acalmando a angústia e ajudando a trazer sentido às situações confusas. Esses indivíduos iluminam os desafios de forma seletiva, trazendo luz ou ideias suficientes para fornecer orientação, confiança e coesão, mas não tanto a ponto de sobrecarregar ou perturbar.[28]

As tangentes são apenas boas o suficiente, e a liderança que as incentiva também pode ser boa o suficiente. Os líderes, nas palavras do teórico organizacional Russell Ackoff, "gerenciam bem as confusões" e não tentam criar uma imagem ajustada de um mundo que não existe.[29] Pense sobre as diferentes respostas que líderes de governo deram durante o auge da pandemia de Covid-19. A primeira-ministra da Nova Zelândia, Jacinda Ardern, possibilitou que os cidadãos entendessem a natureza e a gravidade do desafio, deu-lhes segurança e incentivou a coesão social,[30] enquanto simultaneamente buscou a saída do distanciamento social. Por outro lado, o presidente brasileiro Jair Bolsonaro tentou fingir que o problema não existia, recusando-se a reconhecer a crise, muito menos gerenciá-la.[31] Seu estilo de liderança, que buscava o autoengrandecimento, não afetou apenas o espaço para criatividade para sair pela tangente, como também custou milhares de vidas.

TRABALHO EM EQUIPE, OU A FALTA DELE

O ambiente propício para o uso de tangentes em uma organização não depende só dos seus líderes e superiores. Muitas vezes, depende também das interações no local de trabalho. No entanto, aqueles que não estão no topo com frequência se veem em uma camisa de força: os chefes não aceitam suas ideias ousadas, a empresa está focada demais no feijão com arroz, os colegas estão obcecados em marcar o ponto das nove às seis... A boa notícia é que as tangentes não exigem necessariamente o envolvimento de outras pessoas. Se você envolver outras pessoas, seu impacto poderá ser ainda maior, mas você não vai querer que possíveis colaboradores impeçam que uma meta seja atingida. Aqui, ofereço alguns pontos para refletir sobre se, e como, você gostaria de trabalhar em colaboração com outras pessoas.

Buscando tangentes em conjunto

Os métodos para trabalhar tangentes com potenciais parceiros provavelmente são tão diversos quanto as próprias tangentes. No entanto, aproveitei para usar o que os estudiosos de gestão chamam de "ação robusta" para gerar ideias com pessoas de todas as áreas da vida, em diferentes contextos organizacionais.[32]

Os princípios centrais da ação robusta se relacionam com temas presentes neste livro: de fato, não sabemos muito sobre os nossos problemas, e intervenções de curto prazo facilitam o crescimento e a exploração posteriores.

A ação robusta sugere três formas de engajamento. Não há ordem específica e você pode combiná-las. O primeiro é se envolver com vários pontos de vista e aprender o máximo possível com as muitas interpretações e observações diferentes. Como a inspiração para sair pela tangente costuma vir da exposição a diferentes perspectivas, você pode explorar de forma particular, para além dos limites da sua organização. Procure opiniões diferentes, incluindo aquelas que você pode não estar acostumado a ouvir. O segundo é criar arquiteturas de participação que forneçam plataformas (das mídias sociais a reuniões pessoais) para que agentes heterogêneos interajam, compartilhem e aprendam juntos. O terceiro é permitir a experimentação com os outros. Invista em ideias incompletas e em encontrar complementaridades, porque isso permitirá identificar novas oportunidades.[33]

Essa abordagem também pode ser usada de forma individual aproveitando as instruções do capítulo 7. Por exemplo, você pode entrar em contato com algumas pessoas por e-mail para pedir sugestões. Pode listar o problema em que está pensando, delimitar o obstáculo visível, analisar a solução convencional e, em seguida, pedir uma ideia de tangente a cada um. Busque diálogos.

Se estiver em uma organização, quem sabe pode montar um workshop. Pela minha experiência com esse tipo de reunião, posso dizer que, felizmente, elas demandam bem pouca orientação. Ou seja, bastaria explicar os quatro tipos de tangentes e apresentar uma ou duas sugestões para os participantes pensarem sobre desafios específicos, sejam eles problemas pessoais ou organizacionais. Em seguida, incentive a criatividade, alimente respostas "suficientemente boas" e permita que as pessoas discutam, partilhem e pensem de forma diferente. Por fim, peça aos participantes que priorizem as ideias com base nos interesses deles (ou da organização), na viabilidade, e no impacto potencial.

Criando tangentes apesar dos outros

A colaboração com outras pessoas pode ser muito frutífera, mas nem sempre faz sentido solicitar conselhos de todo mundo que você puder reunir em uma sala. Na verdade, tangentes podem ajudar quem quer realizar mais (ou coisas diferentes) apesar do ambiente de trabalho, ou até mesmo para procrastinar sem consequências graves.

Pensando de forma criativa o suficiente, você encontrará oportunidades para contornar suas restrições de tempo. Alguns exemplos: pegar carona nos esforços dos outros, como um parasita; usar tangentes túnel, que serão boas o suficiente para cumprir suas tarefas parcialmente e com o mínimo de esforço; identificar tangentes rotatória que lhe darão tempo extra para entregar aquele relatório chato; ou encontrar brechas que sejam "tecnicamente corretas" para que você possa estender seus prazos.

Certa vez, tive um chefe que respondia e-mails de forma bastante errática. Eu ficava tenso, me perguntando se ele conseguiria enviar informações a tempo ou como eu podia obter respostas mais rápidas. Em que ordem ele respondia aos e-mails? Como ele os priorizava? Ele começava de cima ou de baixo? Como um humilde estagiário, e uma pessoa que em geral evitava conflitos, eu me sentia impotente para exigir respostas imediatas. Perguntei a outros colegas que trabalhavam com meu chefe e, aos poucos, reuni informações sobre seus hábitos de resposta a e-mails. Enfim descobri que ele escrevia respostas freneticamente no início do dia, por volta das cinco e meia da manhã, começando pelos e-mails mais recentes, no topo da caixa de entrada, e prestando mais atenção a eles.

Graças a essas informações, percebi que os e-mails que enviava durante o horário de trabalho estavam basicamente indo para o final da fila da sua caixa de entrada. Então tentei algo novo: em vez de enviar um e-mail assim que o escrevia, passei a programar a mensagem para ser enviada em horários pré-agendados nas primeiras horas da manhã. Eu variava o horário, enviando uma mensagem às 1h47 da manhã em um dia, e às 2h03 da manhã em outro, para evitar suspeitas. No primeiro mês, a taxa de resposta cresceu 63% (eu sei, sou tão nerd que fiz as contas). Meu ex-chefe até hoje acha que sou um morcego, quando na verdade sou um madrugador que conseguia apreciar bem mais meu sono REM enquanto meus e-mails chegavam em sua caixa de entrada.

Às vezes, queremos ou precisamos trabalhar perto de outras pessoas, e não com elas. Cabe a você decidir o que é necessário ou apropriado em cada situação. Considerando tudo, minha ansiedade com os e-mails era bastante trivial. Com frequência, nos deparamos com obstáculos diários bem piores em nosso local de trabalho, desde hábitos irritantes de colegas, regras oficiais impostas por superiores, até expectativas tácitas. Com as tangentes, é possível mitigar esses desafios da maneira mais silenciosa e sutil que achar adequada.

Com ou sem os outros?

Assim como a moda, diferentes estratégias de negócios entram e saem de tendência. Em um passado não muito distante, as empresas se concentravam em manter seus projetos de inovação em segredo, entre os muros, limitando a colaboração. Mais recentemente, as empresas passaram a adotar estratégias de inovação aberta, valorizando cada vez mais as contribuições de diversas fontes, às vezes até colaborando com seus rivais.[34] Elas não apenas consultam os demais, como também se envolvem ativamente com uma variedade mais ampla de partes interessadas no processo de co-criação.[35]

A colaboração tem vantagens e desvantagens. As primeiras são bastante óbvias: trabalhar com outras pessoas significa acesso a mais recursos, conhecimentos e experiências sobre os quais você pode construir. Por outro lado, a colaboração é desafiadora e demorada. Identificar e engajar parceiros, ouvi-los ativamente, harmonizar metas, cronogramas e estilos de trabalho diferentes e forjar acordos são todas tarefas muito custosas.

Além disso, as decisões em grupo não são necessariamente melhores. De fato, psicólogos e economistas comportamentais há muito indicam que a tendência à aversão a conflitos observada em grupos leva ao excesso de confiança em decisões populares, mas ruins, um fenômeno que os psicólogos chamam de "pensamento de grupo".[36]

Buscar sair pela tangente não significa reunir colaborações complexas apenas para dizer que houve colaboração. Em vez disso, comece concentrando-se na consulta de algumas peças-chave que você acha que podem contribuir com habilidades ou recursos (incluindo entusiasmo), em vez de construir e investir em uma grande equipe que exigiria gerenciamento e a busca pelo consenso. À medida que sua tangente for ganhando força e suas necessidades forem mudando, você vai encontrar e trabalhar organicamente com outros colaboradores em diferentes funções.

A tangente é imediata, engenhosa e boa o suficiente, e seu principal benefício é permitir que você faça as coisas de maneira não convencional. A colaboração pode facilitar o uso de tangentes, mas a flexibilidade supera a colaboração. Se você está focado demais no trabalho em equipe, ou ruminando sem colocar novas ideias à prova, saiba que possivelmente encontrará uma solução que agrade às pessoas, mas, no fim das contas, não estará ajudando sua organização a se tornar mais receptiva ao uso de tangentes.

Epílogo

As tangentes fora do ambiente de trabalho

Você está pronto para colocar a nova receita de bolo à prova. À medida que começa a preparar seus ingredientes, percebe que está sem leite — e não há a menor chance de você sair do conforto do seu lar para dirigir até o supermercado. No entanto, há creme na geladeira. E se você o diluir com água e usá-lo como substituto? Você assa e devora seu bolo enquanto maratona séries da Netflix, pegando carona na assinatura dos seus pais. Na manhã seguinte, você se sente como um bicho-preguiça idoso, então não terá tempo para ir à academia queimar parte das calorias do bolo. Em vez disso, você salta do ônibus uma parada antes para caminhar um pouco mais...

Mesmo que você não perceba, as tangentes moldam nossa rotina. Ainda que de forma atrapalhada, elas o ajudam a lidar com as confusões da vida, nos permitem experimentar alternativas às formas comuns de fazer as coisas e usar organicamente o que funciona e esquecer aquilo que não funciona tão bem. Uma vez que uma tangente é bem-sucedida, pode parecer bastante óbvio que aquele sempre foi o caminho certo.

Sair pela tangente é tão silenciosamente eficaz que não damos a essa atitude o crédito que merece. Durante uma palestra, depois de apresentar brevemente minha pesquisa em sala de aula, uma aluna cética desdenhou, dizendo que as tangentes eram como "pedir um Big Mac com Coca Diet", como se fossem esforços fúteis que só proporcionam o conforto emocional de sentir que você está "fazendo alguma coisa", enquanto deixa o verdadeiro problema sem solução.

Devo dar um pouco de crédito à aluna: um "Big Mac com uma Coca Diet" é, na melhor das hipóteses, uma escolha marginalmente mais saudável, e as tangentes também são imperfeitas. No entanto, a analogia dessa aluna é enganosa. Ela não leva em consideração que, com muita frequência, supomos que os problemas são definidos com naturalidade e que há uma única maneira de resolver cada um deles. Um pedido ligeiramente menos calórico de fast-food resolveria problemas de saúde? É provável que não, mas essa aluna estava se referindo aos maus hábitos alimentares de um indivíduo, ou a um sistema complexo que nos fornece alimentos altamente processados, mas não muito nutritivos? O que significa ser saudável em primeiro lugar? Uma dieta paleolítica pode resolver os problemas de saúde de um indivíduo de forma permanente? E os problemas de uma sociedade?

Se você busca ter uma boa saúde, está mirando em um alvo móvel. Estaremos melhor quando deixarmos de nos fixar em soluções ideais e únicas e, em vez disso, nos concentrarmos em abordar nossos problemas de forma adaptativa, contínua e imaginativa — e as tangentes podem desbloquear o processo de mudança contínua de que o mundo necessita.

Uma analogia melhor é pensar em tangentes como se você tratasse de uma enxaqueca. Se você já teve uma, sabe o valor de atacar um sintoma, mesmo que não entenda a causa subjacente. Essas intervenções podem não ser as soluções ideais, mas funcionam muito bem e respondem depressa às nossas necessidades mais urgentes. Tal como acontece quando essa super dor de cabeça surge, encontrar e lidar repetidamente com os mesmos desafios pode ajudá-lo a começar a reconhecer padrões e a desenvolver soluções mais duradouras, incluindo algumas que a princípio pareceram completamente inesperadas.

Você deve se lembrar de como Ruth Bader Ginsburg encontrou uma tangente que serviu como ponto de partida, e que acabou permitindo que ela e outros derrubassem um sistema inteiro de discriminação pelo gênero. O que você pode não ter levado em conta ao ler a Parte I é que a tangente de Ginsburg também ajudou a iluminar e reavaliar diferentes desafios. Ela pode não ter pensado muito sobre identidade de gênero ou orientação sexual quando estava discutindo os direitos legais das mulheres, mas sua saída pela tangente permitiu reinterpretações para a expressão e para a identidade de gênero, que mais tarde mudariam muito a jurisprudência norte-americana em casos de discriminação.

Tangentes como a criada por essa advogada nos permitem desviar de forma elegante e criativa do roteiro que nos limita. É desviando do roteiro que exploramos as alternativas que gradualmente pressionam por mudanças mais profundas na maneira como interpretamos, julgamos e interagimos com o mundo.

Tangentes também nos permitem agitar um pouco as coisas, sobretudo em situações em que nos sentimos paralisados. Essa perspectiva se aplica aos nossos desafios cotidianos, mas é ainda mais forte quando analisamos problemas sociais em larga escala, sempre mais complexos e incertos. Pense na pobreza, nas mudanças climáticas, nas desigualdades sociais. Tudo isso persiste por um motivo. Com frequência, os tomadores de decisão são soterrados por análises complexas e pela burocracia. Aqueles de nós que não têm um lugar importante na mesa de decisões são deixados para trás, impotentes e limitados pela hierarquia.

A ousadia das organizações apresentadas neste livro me expuseram a um mundo de dinamismo e possibilidades, mesmo quando possuíam recursos, poder e informações mínimos. Graças a elas, pude entender como tangentes simples têm a capacidade de nos ajudar a enfrentar situações incertas, aliviar as nossas necessidades mais urgentes e até mesmo explorar estradas desconhecidas que podem levar a lugares novos e melhores.

Agradecimentos

Quando terminei de escrever este livro, retomei uma lembrança da minha adolescência: o quanto meus pais influenciaram meus interesses, valores e aspirações. Eles me deram um cartão de crédito com um aviso: "Você precisa nos consultar antes de comprar qualquer coisa que não seja livros ou comida, ok?" Algumas décadas depois, me vejo publicando um livro e casado com uma chef de confeitaria! Freud seria capaz de explicar isso, mãe?

Minha parceira, Ju, me apoiou em cada passo do caminho. Ela leu os primeiros rascunhos, deu conselhos, me ajudou a encontrar histórias e até me aguentou quando eu ficava cansado e ranzinza. Sou muito grato por seu amor e suporte enquanto navegamos por esses novos caminhos.

Esta pesquisa não teria começado se não fosse por Steve Evans. Quando marquei nosso primeiro encontro, presumi que encontraria um professor vestindo terno *tweed* e usando jargões complicados. Ele veio à nossa reunião usando bermudas e meias que não combinavam — uma vermelha e outra verde. Desde então, Steve também me inspirou e estimulou a encontrar combinações não convencionais.

Um dos meus maiores prazeres ao escrever este livro foi ter a oportunidade de trabalhar e aprender com pessoas incríveis. Max Brockman me apoiou muito desde o início. Ele ajudou a transformar meu ensaio para o Prêmio Bracken Bower em uma proposta de livro. Também me colocou em contato com Will Schwalbe, que logo percebi ser o parceiro ideal para este trabalho. Will ajudou a aprimorar minhas ideias, estruturar o livro e melhorar minha redação. Desde que Sam Zukergood ingressou na equipe editorial, pude contar com seu olhar renovador, entusiasmo e orientação detalhada. Sou grato a Maggie Carr por sua cuidadosa edição e a Morgan Mitchell por sua atenção aos detalhes como editora de produção. Além disso, minhas ideias teriam sido indecifráveis se eu não tivesse o privilégio de escrever e aprender com Andrea Brody-Barre.

Tive muita sorte de receber financiamento e apoio institucional de várias fontes nos últimos sete anos, cruciais para a conclusão desta pesquisa — principalmente a Gates Cambridge Trust, a CNPQ do Brasil, o IBM Center for the Business of Government, o Santander, a Ford Foundation, o Skoll Centre for Social Entrepreneurship e as Universidades de Oxford, Durham e Cambridge.

Os conselhos e o apoio inabalável de Marc Ventresca e Tyrone Pitsis nos últimos três anos foram mais do que eu poderia desejar! Em Oxford, também aproveitei as interações com muitos colegas, como Ronald Roy, Jeroen Bergmann, Malcolm McCulloch, Marya Besharov, Daniel Armanios, Thomas Hellmann, Pinar Ozcan, Annabelle Gawer, Tom Lawrence, Richard Whittington, Peter Drobac, Zainab Kabba, Jessica Jacobson, Bronwyn Dugtig, e muitos outros que apoiaram meu trabalho.

Esta pesquisa foi aprimorada por diversas discussões com pessoas de todas as áreas da vida. Algumas foram fundamentais para que eu identificasse ou me conectasse com as organizações ousadas, caso de Arthur Kux, Asiya Islam, Alice Musabende, Anil Gupta, Raghavendra Seshagiri, Arjun e Nikita Hari, Luis Claudio Caldas, Mariana Savaget, Ana Claudia Grossi, Eduardo Maciel e Lucia

Corsini. Outros promoveram meu trabalho, ajudaram a interpretar dados ou compartilharam valiosos feedbacks — como Cassi Henderson, Tim Minshall, Frank Tietze, Mike Tennant, Thomas Roulet, Rob Phaal, Cansu Karabiyik, Courtney Froehlig, Susan Hart, Christos Tsinopoulos, Flavia Maximo, Curie Park, Catherine Tilley, Martin Geissdoerfer, Olamide Oguntoye, Kirsten van Fossen, Thayla Zomer, Clara Aranda, Aline Khoury, Juliana Brito, Laura Waisbich, Flavia Carvalho, Tulio Chiarini, Ali Kharrazi, Gabriela Reis, Nisia Werneck, Ana Burcharth e Carlos Arruda.

Sou grato a todos os meus familiares e amigos por todo o carinho e companheirismo. Também, aos colegas dos meus lares institucionais, do Departamento de Ciências da Engenharia, da Saïd Business School e Worcester College (Universidade de Oxford), e aos muitos colegas que me ajudaram a testar as ideias iniciais. Por último, mas não menos importante, esse trabalho nunca seria possível sem o conhecimento de Simon e Jane Berry e dos muitos outros entrevistados pelo mundo que compartilharam suas ideias comigo. Espero que este livro faça justiça à sua generosidade e inteligência.

Notas

Nota do autor

1. Unicef, "Diarrhoea — Unicef Data", Unicef Data, 29 de julho de 2021. Disponível em: <https://data.unicef.org/topic/child-health/diarrhoeal-disease/>.

Introdução

1. James Verini, "The Great Cyberheist", *The New York Times*, 10 de novembro de 2010. Disponível em: <https://www.nytimes.com/2010/11/14/magazine/14Hacker-t.html>.
2. Paul Buchheit, "Applied Philosophy, A.k.a. 'Hacking'", Blogspot.com, 5 de novembro de 2021. Disponível em: <http://paulbuchheit.blogspot.com/2009/10/applied-philosophy-aka-hacking.html>.

1: A carona

1. Para uma definição de economias de "baixa renda", consulte o método do Atlas do Banco Mundial. No ano fiscal de 2022, foram definidos como aqueles países com um Produto Nacional Bruto (PNB) *per capita* de 1.045 dólares ou menos. Os de renda média-baixa são aqueles com um PNB *per capita* entre 1.046 e 4.095 dólares. As economias de renda média-alta são aquelas com um PNB *per capita* entre 4.096 e 12.695 dólares; E as economias de alta renda são aquelas com um PNB *per capita* de 12.696 dólares ou mais. Para obter mais informações, consulte World Bank,

"World Bank Country and Lending Groups", Data World Bank, 2022. Disponível em: <https://datahelpdesk.worldbank.org/knowledgebase/articles/906519-world-bank-country-and-lending-groups>.
2. Jan Sapp. *Evolution by Association: A History of Symbiosis.* Nova York: Oxford University Press, 1994.
3. Peter Day, "ColaLife: Turning Profits into Healthy Babies", BBC News, 22 de julho, 2013. Disponível em: <https://www.bbc.co.uk/news/magazine-23348408>.
4. "Global Diarrhea Burden", Centers for Disease Control and Prevention, 2021. Disponível em: <https://www.cdc.gov/healthywater/global/diarrhea-burden.html#one>.
5. Li Liu, Hope L. Johnson, Simon Cousens, Jamie Perin, Susana Scott, Joy E. Lawn, Igor Rudan, et al., "Global, Regional, and National Causes of Child Mortality: An Updated Systematic Analysis for 2010 with Time Trends Since 2000", The Lancet 379, n°. 9832 (Junho 2012): 2151–61. Disponível em: <https://doi.org/10.1016/s0140-6736(12)60560-1>.
6. World Health Organization and Unicef, "Diarrhoea: Why Children Are Still Dying and What Can Be Done", 2009. Disponível em: <http://apps.who.int/iris/bitstream/handle/10665/44174/9789241598415_eng.pdf;jsessionid=2DE9081A5630B2F287B434D374E9F218?sequence=1>.
7. Ministry of Health, Republic of Zambia, "National Health Strategic Plan 2011–2015", Dezembro de 2011.
8. Rohit Ramchandani, "Emulating Commercial, Private-Sector Value-Chains to Improve Access to ORS and Zinc in Rural Zambia: Evaluation of the ColaLife Trial", Ph.D. diss., Johns Hopkins Bloomberg School of Public Health, 2016. Disponível em: <https://jscholarship.library.jhu.edu/bitstream/handle/1774.2/39229/RAMCHANDANI-DISSERTATION-2016.pdf>.
9. Dalberg Global Development Advisors and MIT-Zaragoza International Logistics Program, "The Private Sector's Role in Health Supply Chains: Review of the Role and Potential for Private Sector Engagement in Developing Country Health Supply Chains", Outubro de 2008. Disponível em: <https://healthmarketinnovations.org/sites/default/files/Private%20Sector%20Role%20in%20Supply%20Chains.pdf>.
10. Simon Berry, "A Video of the Full Interview with iPM", ColaLife, 5 de Julho, 2008. Disponível em: <https://www.colalife.org/2008/07/05/a-video-of-the-full-interview-with-ipm/>.
11. Ramchandani, "Emulating Commercial, Private-Sector Value-Chains".

12. Simon Berry, Jane Berry e Rohit Ramchandani, "We've Got Designs on Change: 1—Findings from Our Endline Household Survey (KYTS-ACE)", ColaLife, 31 de Março, 2018. Disponível em: <https://www.colalife.org/2018/03/31/weve-got-designs-on-change-1-findings-from-our-endline-household-survey-kyts-ace/>.
13. ColaLife, "The Case for Co-Packaging of ORS and Zinc", ColaLife, 4 de Dezembro, 2015. Disponível em: <https://www.colalife.org/co-pack/>.
14. World Health Organization, "WHO Model Lists of Essential Medicines". Disponível em: <https://www.who.int/groups/expert-committee-on-selection-and-use-of-essential-medicines/essential-medicines-lists>. Acesso em: abr 2020.
15. Simon Berry, "The ColaLife Playbook Launches Today (28-Oct-20)", ColaLife, 28 de Outubro, 2020. Disponível em: <https://www.colalife.org/2020/10/28/the-colalife-playbook-launches-today-28-oct-20/>.
16. Christopher H. Sterling e John Michael Kittross. *Stay Tuned: A Concise History of American Broadcasting.* Belmont: Wadsworth, 1990.
17. Deborah L. Jaramillo, "The Rise and Fall of the Television Broadcasters Association, 1943–1951", Journal of E-Media Studies 5, nº. 1 (2016). Disponível em: <https://doi.org/10.1349/PS1.1938-6060.A.459>.
18. William H. Young e Nancy K. Young, *The 1930s (American Popular Culture Through History.)* Westport: Greenwood Press, 2002.
19. Frank Orme, "The Television Code", The Quarterly of Film Radio and Television 6, nº. 4 (1 de Julho, 1952): 404–13. Disponível em: <https://doi.org/10.2307/1209951>.
20. John A. Martilla e Donald L. Thompson, "The Perceived Effects of Piggyback Television Commercials", Journal of Marketing Research 3, nº. 4 (Novembro 1966): 365–71. Disponível em: <https://doi.org/10.1177/002224376600300404>.
21. Alison Alexander, Louise M. Benjamin, Keisha Hoerrner e Darrell Roe, "'We'll Be Back in a Moment': A Content Analysis of Advertisements in Children's Television in the 1950s", Journal of Advertising 27, nº. 3 (31 de Maio, 2013): 1–9. Disponível em: <https://doi.org/10.1080/00913367.1998.10673558>.
22. Alexander, Benjamin, Hoerrner e Roe, "We'll Be Back in a Moment".
23. John M. Lee, "Advertising: Piggyback Commercial Fight", *The New York Times*, 8 de Janeiro, 1964. Disponível em: <https://www.nytimes.com/1964/01/08/archives/advertising-piggyback-commercial-fight.html>.

24. Brandon Katz, "Digital Ad Spending Will Surpass TV Spending for the First Time in US History", Forbes, 14 de Setembro, 2016. Disponível em: <https://www.forbes.com/sites/brandonkatz/2016/09/14/digital-ad-spending-will-surpass-tv-spending-for-the-first-time-in-u-s-history/?sh=64479e1b4207>.
25. Nielsen, "The Nielsen Comparable Metrics Report: Q4 2016". Disponível em: <https://www.nielsen.com/wp-content/uploads/sites/3/2019/04/q4-2016-comparable-metrics-report.pdf>.
26. Angela Watercutter, "How Oreo Won the Marketing Super Bowl with a Timely Blackout Ad on Twitter", *Wired*, 4 de Fevereiro, 2013. Disponível em: <https://www.wired.com/2013/02/oreo-twitter-super-bowl/>.
27. Jess Denham, "Spongebob Squarepants Film Posters Spoof Fifty Shades of Grey Movie and Jurassic World", *The Independent*, 2 de Fevereiro, 2015. Disponível em: <https://www.independent.co.uk/arts-entertainment/films/news/spongebob-squarepants-movie-posters-spoof-fifty-shades-grey-and-jurassic-world-10018046.html>.
28. Daniel Victor, "Pepsi Pulls Ad Accused of Trivializing Black Lives Matter", *The New York Times*, 5 de Abril, 2017. Disponível em: <https://www.nytimes.com/2017/04/05/business/kendall-jenner-pepsi-ad.html>.
29. Steve Olenski, "American Apparel's Hurricane Sandy Sale—Brilliant or Boneheaded?", *Forbes*, 31 de Outubro, 2012. Disponível em: <https://www.forbes.com/sites/marketshare/2012/10/31/american-apparels-hurricane-sandy-sale-brilliant-or-boneheaded/?sh=754d930e5d75>.
30. Morgan Brown, "The Making of Airbnb", Boston Hospitality Review 4, n°. 1 (2016).
31. Max Roser e Hannah Ritchie, "Hunger and Undernourishment", Our World in Data, 8 de Outubro, 2019. Disponível em: <https://ourworldindata.org/hunger-and-undernourishment>.
32. World Health Organization, "Assessment of Iodine Deficiency Disorders and Monitoring Their Elimination: A Guide for Programme Managers", 3ª ed., 2007, World Health Organization. Disponível em: <http://apps.who.int/iris/bitstream/handle/10665/43781/9789241595827_eng.pdf?sequence=1>.
33. World Health Organization, "Goitre as a Determinant of the Prevalence and Severity of Iodine Deficiency Disorders in Populations", Vitamin and Mineral Nutrition Information System, 2014. Disponível em: <https://apps.who.int/iris/bitstream/handle/10665/133706/WHO_NMH_NHD_EPG_14.5_eng.pdf?sequence=1&isAllowed=y>.

34. R. M. Olin, "Iodine Deficiency and Prevalence of Simple Goiter in Michigan", Public Health Reports (1896–1970) 39, n°. 26 (24 de Junho, 1924): 1568–71. Disponível em: <http://www.jstor.org/stable/4577210>.
35. Dados de dois artigos: David Bishai e Ritu Nabubola, "The History of Food Fortification in the United States: Its Relevance for Current Fortification Efforts in Developing Countries", Economic Development and Cultural Change 51, n°. 1 (Outubro de 2002). Disponível em: <https://doi.org/10.1086/345361>; e Jeffrey R. Backstrand, "The History and Future of Food Fortification in the United States: A Public Health Perspective", Nutrition Reviews 60, n°. 1 (1 de Janeiro, 2002): 15–26. Disponível em: <https://doi.org/10.1301/002966402760240390>.
36. Unicef, "Iodine". Disponível em: <https://data.unicef.org/topic/nutrition/iodine/>.
37. Dados de dois artigos: Gail G. Harrison, "Public Health Interventions to Combat Micronutrient Deficiencies", Public Health Reviews 32, n°. 1 (2 de Junho, 2010): 256–66. Disponível em: <https://doi.org/10.1007/bf03391601>; e Eva Hertrampf e Fanny Cortes, "Folic Acid Fortification of Wheat Flour: Chile", Nutrition Reviews 62, n°. 1 (Junho 2004): S44–48. Disponível em: <https://doi.org/10.1111/j.1753-4887.2004.tb00074.x>.
38. T. H. Tulchinsky, D. Nitzan Kaluski, e E. M. Berry, "Food Fortification and Risk Group Supplementation Are Vital Parts of a Comprehensive Nutrition Policy for Prevention of Chronic Diseases", European Journal of Public Health 14, n°. 3 (1 de Setembro, 2004): 226–28. Disponível em: <https://doi.org/10.1093/eurpub/14.3.226>.
39. World Health Organization and Food and Agriculture Organization of the United Nations, Guidelines on Food Fortification with Micronutrients, eds. Lindsay Allen, Bruno de Benoist, Omar Dary, e Richard Hurrell (WHO, 2006).
40. Sharada Keats, "Let's Close the Gaps on Food Fortification — for Better Nutrition", Global Nutrition Report, 28 de Janeiro, 2019. Disponível em: <https://globalnutritionreport.org/blog/lets-close-the-gaps-on-food-fortification-for-better-nutrition/>.
41. Victor Fulgoni e Rita Buckley, "The Contribution of Fortified Ready-to-Eat Cereal to Vitamin and Mineral Intake in the US Population, NHANES 2007–2010", Nutrients 7, n°. 6 (25 de Maio, 2015): 3949–58. Disponível em: <https://doi.org/10.3390/nu7063949>.

42. Nestlé, "Nestlé in Society: Creating Shared Value and Meeting Our Commitments 2017", 2017. Disponível em: <https://www.nestle.com/sites/default/files/asset-library/documents/library/documents/corporate_social_responsibility/nestle-csv-full-report-2017-en.pdf>.
43. Para maiores informações, consulte estes artigos e estudos de caso: Nick Hughes e Susie Lonie, "M-PESA: Mobile Money for the 'Unbanked' Turning Cellphones into 24-Hour Tellers in Kenya", Innovations: Technology, Governance, Globalization 2, n°. 1–2 (Abril 2007): 63–81. Disponível em: <https://doi.org/10.1162/itgg.2007.2.1-2.63>; Tavneet Suri e William Jack, "The Long-Run Poverty and Gender Impacts of Mobile Money", Science 354, n°. 6317 (9 de Dezembro, 2016): 1288–92. Disponível em: <https://doi.org/10.1126/science.aah5309>; Isaac Mbiti e David Weil, "Mobile Banking: The Impact of M-Pesa in Kenya", in African Successes, Volume III: Modernization and Development, eds. Sebastian Edwards, Simon Johnson e David N. Weil. Chicago: University of Chicago Press, 2016, 247–93; e Benjamin Ngugi, Matthew Pelowski e Javier Gordon Ogembo, "M-Pesa: A Case Study of the Critical Early Adopters' Role in the Rapid Adoption of Mobile Money Banking in Kenya", The Electronic Journal of Information Systems in Developing Countries 43, n°. 1 (Setembro 2010): 1–16. Disponível em: <https://doi.org/10.1002/j.1681-4835.2010.tb00307.x>.
44. Lisa Duke e Rajesh Chandy, "M-Pesa & Nick Hughes", CS-11-010, London Business School, Agosto 2018. Disponível em: <https://publishing.london.edu/cases/m-pesa-nick-hughes/>.
45. Kenya National Bureau of Statistics, "Economic Survey 2005", 2005. Disponível em: <https://www.knbs.or.ke/?wpdmpro=economic-survey-2005-3>.
46. World Bank, "Rural Population (% of Total Population)", Data World Bank, 2018. Disponível em: <https://data.worldbank.org/indicator/SP.RUR.TOTL.ZS>.
47. E. Totolo, F. Gwer, e J. Odero, "The Price of Being Banked", FSD Kenya, Agosto 2017. Disponível em: <https://www.fsdkenya.org/blogs-publications/publications/the-price-of-being-banked-2/>.
48. Kenya National Bureau of Statistics, "Economic Survey 2005".
49. Michael Joseph, "FY 2008/2009 Annual Results Presentation & Investor Update", Safaricom, 2009. Disponível em: <https://www.safaricom.co.ke/images/Investorrelation/2008-2009_results_announcement_and_investor_update.pdf>.

50. Vodafone, "M-PESA", Vodafone.com. Disponível em: <https://www.vodafone.com/about-vodafone/what-we-do/consumer-products-and-services/m-pesa>. Acesso em; abr. 2020.
51. Will Smale, "The Mistake That Led to a £1.2bn Business", BBC News, 28 de Janeiro, 2019. Disponível em: <https://www.bbc.com/news/business-46985443>.
52. Consulte estes dois artigos: Wise, "The Wise Story," Acessado em Abril de 2020, https://wise.com/gb/about/our-story; e PwC, "Downright Disruptive Technology—We Meet TransferWise Co-Founder Kristo Käärmann", Fast Growth Companies (blog), 25 de Abril 25, 2014. Disponível em: < https://pwc.blogs.com/fast_growth_companies/2014/04/downright-disruptive-technology-we-meet-transferwise-co-founder-kristo-k%C3%A4%C3%A4rmann.html>.
53. Consulte estas duas fontes: Jordan Bishop, "TransferWise Review: The Future of International Money Transfers Is Here", Forbes, 29 de Novembro, 2017. Disponível em: <https://www.forbes.com/sites/bishopjordan/2017/11/29/transferwise-review/?sh=34e4584419f0>; e Wise, "Our Mission to Zero Fees—an Update", Wise News, 23 de Outubro, 2017. Disponível em: <https://wise.com/gb/blog/transferwise-drops-price-from-uk>.
54. Patrick Collinson, "Revealed: The Huge Profits Earned by Big Banks on Overseas Money Transfers", The Guardian, 8 de Abril, 2017. Disponível em: <https://www.theguardian.com/money/2017/apr/08/leaked-santander-international-money-transfers-transferwise>.
55. Wise (anteriormente TransferWise), "Annual Report and Consolidated Financial Statements for the Year Ended 31 de Março, 2019", 2019.
56. Reuters Staff, "TransferWise Completes $319 Million Secondary Share Sale at a $5 Billion Valuation", Reuters, 28 de Julho, 2020. Disponível em: <https://www.reuters.com/article/transferwise-funding-idUSL2N2EZ18V>.

2: A brecha

1. G1 Globo, "Brasil Tem Maior Juro do Cartão Entre Países da América Latina, Diz Proteste", G1 Economia, 17 de julho de 2012. Disponível em: <http://g1.globo.com/economia/seu-dinheiro/noticia/2012/07/brasil-tem-maior-juro-do-cartao-entre-paises-da-america-latina-diz-proteste.html>.

2. Pedro Peduzzi, "Juros Anuais do Cartão de Crédito Chegam a Até 875%", Agência Brasil, 14 de março de 2021. Disponível em: <https://agenciabrasil.ebc.com.br/economia/noticia/2021-03/juros-anuais-do-cartão-de-crédito-chegam-ate-875>.
3. Banco Central de Reserva del Perú Gerencia Central de Estudios Económicos, "Tasas de Interés", BCRPData. Disponível em: <https://estadisticas.bcrp.gob.pe/estadisticas/series/mensuales/tasas-de-interesse>. Acesso em: abr. 2020.
4. Robert P. Maloney, "Usury and Restrictions on Interest-Taking in the Ancient Near East", Catholic Biblical Quarterly 36, n°. 1 (Janeiro de 1974): 1–20. Disponível em: <https://www.jstor.org/stable/43713641>.
5. William Shakespeare, *The Merchant of Venice*, ed. Laura Hutchings. Harlow, Essex, UK: Longman, 1994.
6. Jacques Peretti, "The Cayman Islands—Home to 100,000 Companies and the £8.50 Packet of Fish Fingers", *The Guardian*, 18 de Janeiro, 2016. Disponível em: <https://www.theguardian.com/us-news/2016/jan/18/the-cayman-islands-home-to-100000-companies-and-the-850-packet-of-fish-fingers>.
7. Amelia Coutinho, "Arthur Ernst Ewert", in Centro de Pesquisa e Documentação de História Contemporânea do Brasil, Fundação Getulio Vargas (FGV). Disponível em: <http://www.fgv.br/cpdoc/acervo/dicionarios/verbete-biografico/arthur-ernst-ewert>. Acesso em: abr. 2020.
8. Daniel M. Neves, "Como Se Defende um Comunista: uma Análise Retórico-Discursiva da Defesa Judicial de Harry Berger por Sobral Pinto", MSc Thesis, Universidade Federal de São João del-Rei, 2013. Disponível em: <https://ufsj.edu.br/portal2-repositorio/File/mestletras/Daniel_Monteiro_Neves.pdf>.
9. Presidência da República Casa Civil Subchefia para Assuntos Jurídicos (Brazil), "Decreto No 24.645, de 10 de Julho de 1934". Disponível em: <http://www.planalto.gov.br/ccivil_03/decreto/1930-1949/D24645impressao.htm>. Acesso em: abr. 2020.
10. Veja estas duas fontes: Gabriel Giorgi, "El Animal Comunista", Instituto Hemisférico. Disponível em: <https://hemisphericinstitute.org/en/emisferica-101/10-1-dossiè/el-animal-comunista.htm>. Acesso em: abr. 2020; e Neves, "Como se defende um comunista".
11. Jake Wallis Simons, "Malta: Moment of Decision on Divorce", *The Guardian*, 28 de Maio, 2011. Disponível em: <https://www.theguardian.com/lifeandstyle/2011/may/28/malta-divorce-referendum>.

12. Daniela Horvitz Lennon, "Family Law in Chile: Overview", Thomsom Reuters Practical Law, 2020. Disponível em: <https://uk.practicallaw.thomsonreuters.com/9-568-3568?transitionType=Default&contextData=(sc.Default)&firstPage=true>.
13. Rachael O'Connor, "On This Day in 1997, Ireland's Controversial Divorce Laws Came into Effect", *The Irish Post*, 27 de Fevereiro, 2020. Disponível em: <https://www.irishpost.com/news/day-1997-irelands-controversial-divorce-laws-came-effect-180563>.
14. Randall Hackley, "Divorce Is Now Legal in Argentina But, So Far, Few Couples Have Taken the Break", Los Angeles Times, 12 de Julho, 1987. Disponível em: <https://www.latimes.com/archives/la-xpm-1987-07-12-mn-3473-story.html>.
15. "Brazilian President Approves Bill Allowing Limited Right to Divorce," *The New York Times*, 27 de Dezembro, 1977. Disponível em: <https://www.nytimes.com/1977/12/27/archives/brazilian-president-approves-bill-allowing-limited-right-to-divorce.html>.
16. California Herma Hill Kay, "An Appraisal of California's No-Fault Divorce Law", California Law Review 75, nº. 1 (1987): 291–319. Disponível em: <https://doi.org/10.2307/3480581>.
17. Post Staff Report, "NY Last State to Recognize 'No Fault' Divorce", *New York Post*, 16 de Agosto, 2010. Disponível em: <https://nypost.com/2010/08/16/ny-last-state-to-recognize-no-fault-divorce/>.
18. Wendy Paris, "Destination Divorces Are Turning Heartbreaks into Holidays", Quartz, 9 de Abril, 2015. Disponível em: <https://qz.com/377785/destination-divorces-are-turning-heartbreaks-into-holidays/>.
19. Rosenstiel v. Rosenstiel, 16 N.Y.2d 64, 262 N.Y.S.2d 86, 209 N.E. 2d 709 (N.Y. 1965). Disponível em: <https://www.nycourts.gov/reporter/archives/rosenstiel.htm>. Acesso em: abr. 2020.
20. "Mexican Divorce—a Survey", Fordham Law Review 33, nº. 3 (1965). Disponível em: <https://ir.lawnet.fordham.edu/cgi/viewcontent.cgi?article=1828&context=flr>.
21. Marshall Hail, "Divorce by Mai", *Vanity Fair*, 6 de Agosto, 2000. Disponível em: <https://www.vanityfair.com/culture/1934/03/increasing-divorce-rate>.
22. Katie Cisneros, "Quickie Divorces Granted in Juárez", Borderlands 13 (1995). Disponível em: <https://epcc.libguides.com/c.php?g=754275&p=5406181>.

23. "Domestic Relations: The Perils of Mexican Divorce", *Time*, 27 de Dezembro, 1963. Disponível em: <https://web.archive.org/web/20110218145406/http://www.time.com/time/magazine/article/0%2C9171%2C870612%2C00.html>.
24. "End of the Road for Monroe and Miller", BBC News, 24 de Janeiro, 1961. Disponível em: <http://news.bbc.co.uk/onthisday/hi/dates/stories/january/24/newsid_4588000/4588212.stm>.
25. "Paulette Wins Separation from Charlie Chaplin", *The Deseret News*, 5 de Junho, 1942. Disponível em: <https://news.google.com/newspapers?nid=336&dat=19420605&id=Bn0qAAAAIBAJ&sjid=plUEAAAAIBAJ&pg=3866,3989134&hl=en>.
26. Instituto Brasileiro de Direito de Família, "A Trajetória do Divórcio no Brasil: A Consolidação do Estado Democrático de Direito", Jusbrasil, 8 de Julho, 2010. Disponível em: <https://ibdfam.jusbrasil.com.br/noticias/2273698/a-trajetoria-do-divorcio-no-brasil-a-consolidacao-do-estado-democratico-de-direito>.
27. Veja estes dois artigos: Rose Saconi e Carlos Eduardo Entini, "Divórcio Acabou Com O Amor Fora da Lei", *Estadão*, 30 de Novembro, 2012. Disponível em: <http://m.acervo.estadao.com.br/noticias/acervo,divorcio-acabou-com-o-amor-fora-da-lei-,8617,0.htm>; e Laura Capriglione, "Para Os Filhos, 'Casa' Substituiu 'Lar'", *Folha de São Paulo*, 24 de Junho, 2007. Disponível em: <https://www1.folha.uol.com.br/fsp/mais/fs2406200718.htm>.
28. Consulte estas duas fontes: Marvin M. Moore, "The Case for Marriage by Proxy", Cleveland State Law Review 11, nº. 313 (1962). Disponível em: <https://core.ac.uk/download/pdf/216938329.pdf>; e John S. Bradway, "Legalizing Proxy Marriages", University of Kansas City Law Review 21 (1953): 111–26. Disponível em: <https://core.ac.uk/download/pdf/62563802.pdf>. Acesso em: abr 2020.
29. Para mais informações a respeito de casamentos por procuração atualmente, consulte Alan Travis, "Immigration Inspector Warns of Rise in Proxy Marriage Misuse", *The Guardian*, 19 de Junho, 2014. Disponível em: <https://www.theguardian.com/uk-news/2014/jun/19/immigration-proxy-marriage-misuse>; e Jesse Klein, "Another Effect of Covid: Thousands of Double Proxy Weddings", *The New York Times*, 15 de Dezembro, 2020. Disponível em: <https://www.nytimes.com/2020/12/15/fashion/weddings/another-effect-of-covid-thousands-of-double-proxy-weddings.html>.

30. Para um número atualizado, sugiro visitar o website da Human Rights Campaign Foundation: https://www.hrc.org/resources/marriage-equality-around-the-world.
31. Government of the Netherlands, "Same-Sex Marriage", Marriage, Registered Partnership and Cohabitation Agreements. Disponível em: <https://www.government.nl/topics/marriage-cohabitation-agreement-registered-partnership/marriage-registered-partnership-and-cohabitation-agreements/same-sex-marriage>. Acesso em: abr. 2020.
32. Rosie Perper, "Countries Around the World Where Same-Sex Marriage Is Legal", Business Insider, 28 de Maio, 2020. Disponível em: <https://www.businessinsider.com/where-is-same-sex-marriage-legal-world-2017-11?r=US&IR=T>.
33. "World of Weddings: Same-Sex Couples in Israel Find Legal Loophole to Recognize Marriages", CBS News, 5 de Dezembro, 2019. Disponível em: <https://www.cbsnews.com/news/world-of-weddings-israel-same-sex-couples-find-legal-loophole-to-recognize-marriages/>.
34. Aeyal Gross, "Why Gay Marriage Isn't Coming to Israel Any Time Soon", Haaretz, 30 de Junho, 2015. Disponível em: <https://www.haaretz.com/opinion/.premium-gay-marriage-unlikely-in-israel-1.5374568>.
35. Para maiores informações, consulte estes dois artigos: Olga A. Gulevich, Evgeny N. Osin, Nadezhda A. Isaenko, e Lilia M. Brainis, "Scrutinizing Homophobia: A Model of Perception of Homosexuals in Russia", Journal of Homosexuality 65, nº. 13 (21 de Novembro, 2017): 1838–66. Disponível em: <https://doi.org/10.1080/00918369.2017.1391017>; e Radzhana Buyantueva, "LGBT Rights Activism and Homophobia in Russia", Journal of Homosexuality 65, no. 4 (6 de Junho, 2017): 456–83. Disponível em: <https://doi.org/10.1080/00918369.2017.1320167>.
36. Catherine Heath, "Family Law in the Russian Federation: Overview", Thomson Reuters Practical Law, 01 de Novembro, 2020. Disponível em: <https://uk.practicallaw.thomsonreuters.com/4-569-5106?transitionType=Default&contextData=(sc.Default)&firstPage=true>.
37. Consulte estes dois artigos: Lydia Smith, "Russia Recognises Same-Sex Marriage for First Time After Couple Finds Legal Loophole", *The Independent*, 26 de Janeiro, 2018. Disponível em: <https://www.independent.co.uk/news/world/europe/russia-gay-marriage-samesex-couple-marriage-legal-loophole-lgbt-rights-a8180036.html>; e Patrick Kelleher, "Russian Authorities

'Accidentally' Recognise Queer Couple's Same-Sex Marriage Thanks to a Legal Loophole," PinkNews, 23 de Junho, 2020. Disponível em: <https://www.pinknews.co.uk/2020/06/23/russia-same-sex-marriage-legal-loophole-family-code-tax-service-igor-kochetkov-fir-fyodorov/>.

38. Daria Litvinova, "Masked Men and Murder: Vigilantes Terrorise LGBT+ Russians", Reuters, 24 de Setembro, 2019. Disponível em: <https://www.reuters.com/article/russia-lgbt-crime-idUSL5N26A2IX>.

39. Lucy Ash, "Inside Poland's 'LGBT-Free Zones'", BBC News, 20 de Setembro, 2020. Disponível em: <https://www.bbc.co.uk/news/stories-54191344>.

40. Amnesty International UK, "Uganda's New Anti-Human Rights Laws Aren't Just Punishing LGBTI People", Amnesty International UK, Issues, Free Speech, 18 de Maio, 2020. Disponível em: <https://www.amnesty.org.uk/uganda-anti-homosexual-act-gay-law-free-speech>.

41. Human Rights Watch, "Morocco: Homophobic Response to Mob Attack", Human Rights Watch, 15 de Julho, 2015. Disponível em: <https://www.hrw.org/news/2015/07/15/morocco-homophobic-response-mob-attack#>.

42. World Health Organization, "Preventing Unsafe Abortion", Evidence Brief, 25 de Setembro, 2020. Disponível em: <https://www.who.int/news-room/fact-sheets/detail/preventing-unsafe-abortion>.

43. J. Bearak, A. Popinchalk, B. Ganatra, A-B. Moller, Ö. Tunçalp, C. Beavin, L. Kwok e L. Alkema, "Unintended Pregnancy and Abortion by Income, Region, and the Legal Status of Abortion: Estimates from a Comprehensive Model for 1990–2019," Lancet Global Health 8, n°. 9 (Setembro de 2020): e1152–e1161, doi: 10.1016/S2214-109X(20)30315-6.

44. Susheela Singh, Lisa Remez, Gilda Sedgh, Lorraine Kwok, e Tsuyoshi Onda, "Abortion Worldwide 2017: Uneven Progress and Unequal Access", Guttmacher Institute, Março 2018. Disponível em: <https://www.guttmacher.org/report/abortion-worldwide-2017>.

45. Bela Ganatra, Caitlin Gerdts, Clémentine Rossier, Brooke Ronald Johnson, Özge Tunçalp, Anisa Assifi, Gilda Sedgh, et al., "Global, Regional, and Subregional Classification of Abortions by Safety, 2010–14: Estimates from a Bayesian Hierarchical Model", The Lancet 390, n°. 10110 (Novembro de 2017): 2372–81. Disponível em: <https://doi.org/10.1016/s0140-6736(17)31794-4>.

46. Vinod Mishra, Victor Gaigbc-Togbe e Julia Ferre, "Abortion Policies and Reproductive Health Around the World", United Nations, Department of

Economic and Social Affairs, Population Division, 2014. Disponível em: <https://www.un.org/en/development/desa/population/publications/pdf/policy/AbortionPoliciesReproductiveHealth.pdf>.

47. *The Vessel*, escrito e dirigido por Diana Whitten, Sovereignty Productions, 2014, filme. Disponível em: <https://vesselthefilm.com/>.
48. "United Nations Convention on the Law of the Sea", UN Publication Sales n°. E.83.V.5, 1983. Disponível em: <https://www.un.org/depts/los/convention_agreements/texts/unclos/unclos_e.pdf>.
49. Mary Gatter, Kelly Cleland e Deborah L. Nucatola, "Efficacy and Safety of Medical Abortion Using Mifepristone and Buccal Misoprostol Through 63 Days", Contraception 91, n°. 4 (2015): 269–73. Disponível em: <https://doi.org/10.1016/j.contraception.2015.01.005>.
50. Kat Eschner, "The Story of the Real Canary in the Coal Mine", Smithsonian Magazine, 30 de Dezembro, 2016. Disponível em: <https://www.smithsonianmag.com/smart-news/story-real-canary-coal-mine-180961570/>.
51. Canary Watch, "About Canary Watch", Canarywatch.org. Disponível em: <https://canarywatch.org/about.html>. Acesso em: abr. 2020.
52. "What Is a Warrant Canary?", BBC News, 5 de Abril, 2016. Disponível em: <https://www.bbc.co.uk/news/technology-35969735>.
53. Sarah E. Needleman, "Reddit's Valuation Doubles to $6 Billion After Funding Round", *The Wall Street Journal*, 8 de Fevereiro, 2021. Disponível em: <https://www.wsj.com/articles/reddits-valuation-doubles-to-6-billion-after-funding-round-11612833205>.
54. Joon Ian Wong, "Reddit's Big Hint That the Government Is Watching You Is a Missing 'Warrant Canary'", Quartz, 1 de Abril, 2016. Disponível em: <https://qz.com/652570/no-more-warrant-canary-reddits-big-hint-that-it-got-a-secret-surveillance-order/>.
55. "Internet Activist, a Creator of RSS, Is Dead at 26, Apparently a Suicide", *The New York Times*, 12 de Janeiro, 2013. Disponível em: <https://www.nytimes.com/2013/01/13/technology/aaron-swartz-internet-activist-dies-at-26.html>.
56. Adam G. Dunn, Enrico Coiera, e Kenneth D. Mandl, "Is Biblioleaks Inevitable?", Journal of Medical Internet Research 16, n°. 4 (22 de Abril, 2014): e112. Disponível em: <https://doi.org/10.2196/jmir.3331>.
57. Instituto Brasileiro de Geografia e Estatística, "Portal do IBGE,". Disponível em: <https://www.ibge.gov.br/>. Acesso em: abr. 2020.

58. João Paulo Charleaux, "A Diplomacia Paralela da Compra de Respiradores Pelo Maranhão", *Nexo Jornal*, 21 de Abril, 2020. Disponível em: <https://www.nexojornal.com.br/expresso/2020/04/21/A-diplomacia-paralela-da-compra-de-respiradores-pelo-Maranh%C3%A3o>.
59. "Maranhão Comprou da China, Mandou Para Etiópia e Driblou Governo Federal Para Ter Respiradores", *Folha de São Paulo*, 16 de Abril, 2020. Disponível em: <https://www1.folha.uol.com.br/colunas/painel/2020/04/maranhao-comprou-da-china-mandou-para-etiopia-e-driblou-governo-federal-para-ter-respiradores.shtml?utm_source=twitter&utm_medium=social&utm_campaign=comptw>.
60. Para maiores informações, consulte Charleaux, "A Diplomacia Paralela da Compra de Respiradores Pelo Maranhão", e "Maranhão Comprou da China".
61. Charles Piller, "An Anarchist Is Teaching Patients to Make Their Own Medications", Scientific American, 13 de Outubro, 2017. Disponível em: <https://www.scientificamerican.com/article/an-anarchist-is-teaching-patients-to-make-their-own-medications/>.
62. Jana Kasperkevic e Amanda Holpuch, "EpiPen CEO Hiked Prices on Two Dozen Products and Got a 671% Pay Raise", *The Guardian*, 24 de Agosto, 2016. Disponível em: <https://www.theguardian.com/business/2016/aug/24/epipen-ceo-hiked-prices-heather-bresch-mylan>.
63. Olga Khazan, "The True Cost of an Expensive Medication", *The Atlantic*, 25 de Setembro, 2015. Disponível em: <https://www.theatlantic.com/health/archive/2015/09/an-expensive-medications-human-cost/407299/>.
64. "1989 Basel Convention on the Control of Transboundary Movements of Hazardous Wastes and Their Disposal", Journal of Environmental Law 1, nº. 2 (1989): 255–77. Disponível em: <https://doi.org/10.1093/jel/1.2.255>.
65. Nikita Shukla, "How the Basel Convention Has Harmed Developing Countries", Earth.org, 30 de Março, 2020. Disponível em: <https://earth.org/how-the-basel-convention-has-harmed-developing-countries/>.
66. Peter Yeung, "The Toxic Effects of Electronic Waste in Accra, Ghana", Bloomberg CitiLab Environment, 29 de Maio, 2019. Disponível em: <https://www.bloomberg.com/news/articles/2019-05-29/the-rich-world-s-electronic-waste-dumped-in-ghana>.
67. C. P. Baldé, V. Forti, V. Gray, R. Kuehr e P. Stegmann, "The Global E-Waste Monitor 2017", Bonn/Geneva/Vienna: United Nations University,

International Telecommunication Union (ITU) & International Solid Waste Association, 2017. Disponível em: <https://collections.unu.edu/eserv/UNU:6341/Global-E-waste_Monitor_2017__electronic_single_pages_.pdf>.
68. Kevin Brigden, Iryna Labunska, David Santillo, e Paul Johnston, "Chemical Contamination at E-Waste Recycling and Disposal Sites in Accra and Korforidua, Ghana", Greenpeace Research Laboratories, Agosto de 2008. Disponível em: <http://www.greenpeace.to/publications/chemical-contamination-at-e-wa.pdf>.
69. Clemens Höges, "How Europe's Discarded Computers Are Poisoning Africa's Kids", Spiegel International, 4 de Dezembro, 2009. Disponível em: <https://www.spiegel.de/international/world/the-children-of-sodom-and-gomorrah-how-europe-s-discarded-computers-are-poisoning-africa-s-kids-a-665061.html>.

3: A rotatória

1 Amit Madheshiya e Shirley Abraham, "Tiled Gods Appear on Mumbai's Streets", Tasveer Ghar, a Digital Network of South Asian Popular Visual Culture. Disponível em: <http://www.tasveergharindia.net/essay/tiled-gods-mumbai.html>. Acesso em: abr. 2020.
2. Helen Regan e Manveena Suri, "Half of India Couldn't Access a Toilet 5 Years Ago. Modi Built 110M Latrines—But Will People Use Them?", CNN, 6 de outubro, 2019. Disponível em: <https://edition.cnn.com/2019/10/05/asia/india-modi-open-defecation-free-intl-hnk-scli/index.html>.
3. The Clean Indian, "Pissing Tanker", video, YouTube, 30 de abril, 2014. Disponível em: <https://www.youtube.com/watch?v=aaEqZQXmx5M&ab_channel=TheCleanIndian>.
4. Aur Dikhao, "#DontLetHerGo-Kangana Ranaut, Amitabh Bachchan & More Bollywood Comes Together for 'Swachh Bharat'", video, YouTube, 10 de agosto, 2016. Disponível em: <https://www.youtube.com/watch?v=jezSduqsRjs&ab_channel=AurDikhao>.
5. Stephanie Kramer, "Key Findings About the Religious Composition of India", Pew Research Center, 21 de Setembro, 2021. Disponível em: <https://www.pewresearch.org/fact-tank/2021/09/21/key-findings-about-the--religious-composition-of-india/>.

6. Para maiores informações, consulte Donella H. Meadows, *Thinking in Systems: A Primer*, ed. Diana Wright. White River Junction: Chelsea Green Publishing, 2008.
7. Dan Barry e Caitlin Dickerson, "The Killer Flu of 1918: A Philadelphia Story", *The New York Times*, 4 de abril, 2020. Disponível em: <https://www.nytimes.com/2020/04/04/us/coronavirus-spanish-flu-philadelphia-pennsylvania.html>.
8. Cambridge University, "Spanish Flu: A Warning from History", film, YouTube, 30 de novembro, 2018.
9. Nina Strochlic e Riley D. Champine, "How Some Cities 'Flattened the Curve' During the 1918 Flu Pandemic", History and Culture, Coronavirus Coverage, National Geographic, 27 de março, 2020. Disponível em: <https://www.nationalgeographic.com/history/article/how-cities-flattened-curve-1918-spanish-flu-pandemic-coronavirus>.
10. Barry e Dickerson, "The Killer Flu of 1918".
11. Cambridge University, "Spanish Flu: A Warning from History".
12. Eric Lipton e Jennifer Steinhauer, "The Untold Story of the Birth of Social Distancing", *The New York Times*, 22 de abril, 2020. Disponível em: <https://www.nytimes.com/2020/04/22/us/politics/social-distancing-coronavirus.html>.
13. Cabinet Office, National Security and Intelligence, and the Rt Hon Caroline Nokes, MP, "National Risk Register of Civil Emergencies—2017 Edition", Emergency Preparation, Response and Recovery, Government of the United Kingdom, 14 de setembro, 2017. Disponível em: <https://www.gov.uk/government/publications/national-risk-register-of-civil-emergencies-2017-edition>.
14. Lipton e Steinhauer, "The Untold Story of the Birth of Social Distancing".
15. Abigail Tracy, "How Trump Gutted Obama's Pandemic-Preparedness Systems", Vanity Fair, 1 de maio, 2020. Disponível em: <https://www.vanityfair.com/news/2020/05/trump-obama-coronavirus-pandemic-response>.
16. Lipton e Steinhauer, "The Untold Story of the Birth of Social Distancing".
17. Robert J. Glass, Laura M. Glass, Walter E. Beyelr e H. Jason Min, "Targeted Social Distancing Designs for Pandemic Influenza", Emerging Infectious Diseases 12, nº. 11 (1 de novembro, 2006): 1671–81. Disponível em: <https://doi.org/10.3201/eid1211.060255>.
18. US Department of Commerce, "Historical Estimates of World Population", United States Census Bureau. Disponível em: <https://www.census.gov/

data/tables/time-series/demo/international-programs/historical-est-worldpop.html>. Acesso em: abr. 2020.
19. US Department of Commerce, "US and World Population Clock", United States Census Bureau. Disponível em: <https://www.census.gov/popclock/>. Acesso em: abr. 2020.
20. Para mais informações, consulte Paola Criscuolo, Ammon Salter, and Anne L. J. Ter Wal, "Going Underground: Bootlegging and Individual Innovative Performance", Organization Science 25, nº. 5 (Outubro de 2014): 1287–305. Disponível em: <https://doi.org/10.1287/orsc.2013.0856>; e Charalampos Mainemelis, "Stealing Fire: Creative Deviance in the Evolution of New Ideas", Academy of Management Review 35, nº. 4 (Outubro de 2010): 558–78. Disponível em: <https://doi.org/10.5465/amr.35.4.zok558>.
21. Felix Hoffmann escreveu a história sobre sua motivação para o *bootlegging* em uma nota de rodapé de uma enciclopédia alemã. Essa versão foi contestada por outros, que afirmam que Hoffmann conduziu seu trabalho sob a direção de seu colega Arthur Eichengrün. Para obter mais informações, consulte estas duas fontes: W. Sneader, "The Discovery of Aspirin: A Reappraisal", BMJ 321 (7276) (2000): 1591–94, doi:10.1136/bmj.321.7276.1591; e a página do Science History Institute sobre Felix Hoffmann, https://www.sciencehistory.org/historical-profile/felix-hoffmann.
22. Wolfgang Runge. *Technology Entrepreneurship: A Treatise on Entrepreneurs and Entrepreneurship for and in Technology Ventures*. Karlsruhe: Scientific Publishing, 1994.
23. Andrea Meyerhoff, Renata Albrecht, Joette M. Meyer, Peter Dionne, Karen Higgins e Dianne Murphy, "US Food and Drug Administration Approval of Ciprofloxacin Hydrochloride for Management of Postexposure Inhalational Anthrax", Clinical Infectious Diseases 39, nº. 3 (Agosto de 2004): 303–8. Disponível em: <https://doi.org/10.1086/421491>.
24. George Andres, "Behind the Screen at Hewlett-Packard", *Forbes*, 22 de outubro, 2009. Disponível em: <https://www.forbes.com/2009/10/21/hewlett-packard-hp-phenomenon-opinions-contributors-book-review-george-anders.html?sh=7c3abe7d7862>.
25. Claudia C. Michalik, Innovatives Engagement: Eine empirische Untersuchung zum Phänomen des Bootlegging, Deutscher Universität Verlag, Gabler edition (Wissenschaft, 2003).
26. Para mais informações, consulte Criscuolo, Salter e Ter Wal, "Going Underground" e Mainemelis, "Stealing Fire".

27. Para maiores informações, consulte estas fontes: Paul D. Kretkowski, "The 15 Percent Solution", *Wired*, 23 de janeiro, 1998. Disponível em: <https://www.wired.com/1998/01/the-15-percent-solution/>; e Ernest Gundling e Jerry I. Porras, *The 3M Way to Innovation: Balancing People and Profit*. Tóquio e Nova York: Kodansha International, 2000.
28. "What Is India's Caste System?", BBC News, 19 de junho, 2019. Disponível em: <https://www.bbc.co.uk/news/world-asia-india-35650616>.
29. Marcos Mondardo, "Insecurity Territorialities and Biopolitical Strategies of the Guarani and Kaiowá Indigenous Folk on Brazil's Borderland Strip with Paraguay", L'Espace Politique [online] 31, n°. 2017–1 (18 de abril, 2017). Disponível em: <https://doi.org/10.4000/espacepolitique.4203>.
30. Julia Dias Carneiro, "Carta Sobre 'Morte Coletiva' de Índios Gera Comoção e Incerteza", BBC Brasil, 24 de outubro, 2012. Disponível em: <https://www.bbc.com/portuguese/noticias/2012/10/121024_indigenas_carta_coletiva_jc>.
31. Vincent Graff, "Meet the Yes Men Who Hoax the World", *The Guardian*, 13 de dezembro, 2004. Disponível em: <https://www.theguardian.com/media/2004/dec/13/mondaymediasection5>.
32. N. J. Dawood e William Harvey. *Tales from the Thousand and One Nights*. London: Penguin, 2003.

4: O túnel

1. International Electrotechnical Commission, "International Standardization of Electrical Plugs and Sockets for Domestic Use", IEC—Brief History. Disponível em: <http://pubweb2.iec.ch/worldplugs/history.htm>. Acesso em: abr. 2020.
2. Reuters Staff, "3M Doubles Production of Respirator Masks amid Coronavirus Outbreak", Reuters, 20 de março, 2020. Disponível em: <https://www.reuters.com/article/us-health-coronavirus-3m-idUSKBN2172RP>.
3. Leila Abboud, "Inside the Factory: How LVMH Met France's Call for Hand Sanitiser in 72 Hours", *Financial Times*, 19 de março, 2020. Disponível em: <https://www.ft.com/content/e9c2bae4-6909-11ea-800d-da70cff6e4d3>.
4. Abboud, "Inside the Factory".
5. Para maiores informações, consulte o site da organização: http://www.cpcd.org.br/.

6. "Cada Ação Importa", Universo Online (UOL), 24 de novembro, 2019. Disponível em: <https://www.uol.com.br/ecoa/reportagens-especiais/tiao-rocha/#cada-acao-importa>.
7. "Tião Rocha e Araçuaí Sustentável", Centro Popular de Cultura e Desenvolvimento (CPCD). Disponível em: <http://www.cpcd.org.br/portfolio/tiao-rocha-e-aracuai-sustentavel/>. Acesso em: abr. 2020.
8. C. Nellemann e Interpol Environmental Crime Programme, eds., "Green Carbon, Black Trade: Illegal Logging, Tax Fraud and Laundering in the World's Tropical Forests", A Rapid Response Assessment, UN Environment Programme, GRID-Arendal (Birkeland, Norway: Birkeland Trykkeri AS, 2012).
9. Topher White, "What Can Save the Rainforest? Your Used Cell Phone", TEDX CERN talk, publicado em setembro de 2014, YouTube, 15 de março, 2015.
10. White, "What Can Save the Rainforest? Your Used Cell Phone".
11. Cassandra Brooklyn, "Deep in the Rainforest, Old Phones Are Catching Illegal Loggers", *Wired*, 17 de fevereiro, 2021. Disponível em: <https://www.wired.co.uk/article/ecuador-ai-logging-cellphones>.
12. World Health Organization and International Bank for Reconstruction and Development, "Tracking Universal Health Coverage: 2017 Global Monitoring Report", World Bank, 2017. Disponível em: <https://documents1.worldbank.org/curated/en/640121513095868125/pdf/122029-WP-REVISED-PUBLIC.pdf>.
13. World Bank, "Combined Project Information Documents / Integrated Safeguards Datasheet (PID/ISDS)", Lake Victoria Transport Program, 3 de abril, 2017. Disponível em: <https://documents1.worldbank.org/curated/en/319211491308886249/ITM00194-P160488-04-04-2017-1491308883264.docx>.
14. Zipline, "Put Autonomy to Work". Disponível em: <https://flyzipline.com/how-it-works/>. Acesso em: abr. 2020.
15. Jake Bright, "Africa Is Becoming a Testbed for Commercial Drone Services", TechCrunch, 22 de maio, 2016. Disponível em: <https://techcrunch.com/2016/05/22/africa-is-becoming-a-testbed-for-commercial-drone-services/>.
16. Federação das Indústrias do Estado de São Paulo (FIESP), "Corrupção: Custos Econômicos e Propostas de Combate", DECOMTEC, Março de 2010.

17. Cyberpunk (Intercon Production, 1990), documentário.
18. Stephen Levy. *Crypto: How the Code Rebels Beat the Government, Saving Privacy in the Digital Age*. Nova York: Viking Penguin, 2001.
19. Whitfield Diffie e Martin E. Hellman, "New Directions in Cryptography", IEEE Transactions on Information Theory 22, n°. 6 (Novembro de 1976). Disponível em: <https://ee.stanford.edu/~hellman/publications/24.pdf>.
20. Steve Fyffe e Tom Abate, "Stanford Cryptography Pioneers Whitfield Diffie and Martin Hellman Win ACM 2015 A. M. Turing Award", Stanford News, 1 de março, 2016. Disponível em: <https://news.stanford.edu/2016/03/01/turing-hellman-diffie-030116/>.
21. Julian Assange, Jacob Appelbaum, Andy Müller-Maguhn, e Jérémie Zimmerman. *Cypherpunks: Freedom and the Future of the Internet*.Nova York eLondres: Or Books, 2012.
22. Ying-Ying Hsieh, Jean-Philippe Vergne, Philip Anderson, Karim Lakhani e Markus Reitzig, "Bitcoin and the Rise of Decentralized Autonomous Organizations", Journal of Organization Design 7, n°. 1 (30 de novembro, 2018). Disponível em: <https://doi.org/10.1186/s41469-018-0038-1>.
23. Andrea Peterson, "Hal Finney Received the First Bitcoin Transaction. Here's How He Describes It", *The Washington Post*, 3 de janeiro, 2014. Disponível em: <https://www.washingtonpost.com/news/the-switch/wp/2014/01/03/hal-finney-received-the-first-bitcoin-transaction-heres-how-he-describes-it/?noredirect=on>.
24. Michael del Castillo, "The Founder of Bitcoin Pizza Day Is Celebrating Today in the Perfect Way", *Forbes*, 22 de maio, 2018. Disponível em: <https://www.forbes.com/sites/michaeldelcastillo/2018/05/22/the-founder-of-bitcoin-pizza-day-is-celebrating-today-in-the-perfect-way/?sh=484dae5d9c45>.
25. Lila Thulin, "The True Story of the Case Ruth Bader Ginsburg Argues in 'On the Basis of Sex'", Smithsonian Magazine, 24 de dezembro, 2018. Disponível em: <https://www.smithsonianmag.com/history/true-story-case-center-basis-sex-180971110/>.
26. "Sarah Grimke", Elizabeth A. Sackler Center for Feminist Art, Brooklyn Museum. Disponível em: <https://www.brooklynmuseum.org/eascfa/dinner_party/heritage_floor/sarah_grimke>. Acesso em: abr. 2020.
27. Ruth Bader Ginsburg, interview by Wendy Webster Williams and Deborah James Merritt, 10 de abril, 2009, transcript, Knowledge Bank, Ohio State University Libraries, Columbus, Ohio. Disponível em: <https://kb.osu.edu/bitstream/handle/1811/71376/OSLJ_V70N4_0805.pdf>.

28. Thulin, "The True Story of the Case Ruth Bader Ginsburg Argues in 'On the Basis of Sex'".
29. Thulin, "The True Story of the Case Ruth Bader Ginsburg Argues in 'On the Basis of Sex'".
30. Charles E. Moritz and Commissioner of Internal Revenue, Moritz v. CIR, 469 F. 2d 466 (United States Court of Appeals, Tenth Circuit 1972).
31. Cary Frankling, "The Anti-Stereotyping Principle in Constitutional Sex Discrimination Law", New York University Law Review 85, nº. 1 (14 de abril, 2010). Disponível em: <https://ssrn.com/abstract=1589754>.
32. Franklin, "The Anti-Stereotyping Principle in Constitutional Sex Discrimination Law".
33. Thulin, "The True Story of the Case Ruth Bader Ginsburg Argues in 'On the Basis of Sex'".
34. On the Basis of Sex, directed by Mimi Leder (Focus Features, 2018), 2 hr.
35. Jane Sherron De Hart. *Ruth Bader Ginsburg: A Life* Nova York: Alfred A. Knopf, 2018.
36. Reed v. Reed, 404 US 71 (1971). Disponível em: <https://scholar.google.co.uk/scholar_case?case=9505211932515131375&hl=en&as_sdt=6&as_vis=1&oi=scholarr>. Acesso em: abr. 2020.
37. Thulin, "The True Story of the Case Ruth Bader Ginsburg Argues in 'On the Basis of Sex'".
38. Charles E. Moritz, Petitioner-appellant, v. Commissioner of Internal Revenue, Respondent-appellee, 469 F.2d 466 (10th Cir. 1972). Disponível em: <https://library.menloschool.org/chicago/legal>. Acesso em: abr. 2020.
39. Ruth Bader Ginsburg, "The Need for the Equal Rights Amendment", American Bar Association Journal 59, nº. 9 (Setembro de 1973): 1013–19. Disponível em: <https://www.jstor.org/stable/25726416>.

5: Postura

1. Sigmund Freud. *Civilization and Its Discontents*, ed. James Strachey, trans. Joan Riviere. Londres: Hogarth Press, 1963.
2. Thomas Hobbes. *On the Citizen*, ed. Richard Tuck e Michael Silverthorne. Nova York: Cambridge University Press, 1998.

3. Hannah Arendt, "Eichmann in Jerusalem—I", *The New Yorker*, 8 de fevereiro, 1963. Disponível em: <https://www.newyorker.com/magazine/1963/02/16/eichmann-in-jerusalem-i>.
4. Hannah Arendt. *Eichmann in Jerusalem: A Report on the Banality of Evil.* Nova York: Penguin, 1994.
5. Arendt, "Eichmann in Jerusalem—I."
6. Judith Butler, "Hannah Arendt's Challenge to Adolf Eichmann", *The Guardian*, 29 de agosto, 2011. Disponível em: <https://www.theguardian.com/commentisfree/2011/aug/29/hannah-arendt-adolf-eichmann-banality-of-evil>.
7. Stanley Milgram, "Behavioral Study of Obedience", Journal of Abnormal and Social Psychology 67, nº. 4 (1963): 371–78. Disponível em: <https://doi.org/10.1037/h0040525>.
8. W. Richard Scott. *Institutions and Organizations*, 2ª ed. Thousand Oaks: Sage Publications, 2001.
9. Pierre Bourdieu. *Esboço de uma teoria da prática*. Tradução de Miguel Serras Pereira. Celta Editora: Oeiras, 2002.
10. Douglass C. North, Institutions. *Institutional Change and Economic Perfomance*. Cambridge: Cambridge University Press, 1990.
11. Scott, *Institutions and Organizations*.
12. Amos Tversky e Daniel Kahneman, "Judgment Under Uncertainty: Heuristics and Biases", Science 185, nº. 4157 (27 de setembro, 1974): 1124–31. Disponível em: <https://doi.org/10.1126/science.185.4157.1124>.
13. Michel Foucault. *Madness and Civilization: A History of Insanity in the Age of Reason*. Nova York: Vintage Books, 1964.
14. Martin Luther King Jr., "To Governor James P. Coleman", 7 de junho, 1958. Disponível em: <http://okra.stanford.edu/transcription/document_images/Vol04Scans/419_7-June-1958_to%20James%20P%20Coleman.pdf>. Acesso em: abr. 2020.
15. Foucault, *Madness and Civilization*.
16. "Public Good or Private Wealth?", Oxfam GB, Janeiro de 2019. Disponível em: <https://www.osservatoriodiritti.it/wp-content/uploads/2019/01/rapporto-oxfam-pdf.pdf>.
17. Michel Foucault. *Discipline and Punish*. Harmondsworth. Penguin Books, 1979.
18. *O Silêncio dos Inocentes* (The Silence of thc Lambs), Direção de Jonathan Demme (Orion Pictures, 1991), 1 hr., 58 min. Essa frase é uma adaptação

para o cinema do livro de mesmo nome de 1988, escrito por Thomas Harris. O trecho do livro menciona "um grande Amarone" em vez de "um bom Chianti".
19. Ruth Wilson Gilmore. *Golden Gulag: Prisons, Surplus, Crisis, and Opposition in Globalizing California*. Berkeley: University of California Press, 2007.
20. Existem muitos estudos sobre organizações ilegais. Sugiro a leitura deste livro de Sudhir Venkatesh sobre sua etnografia com traficantes de drogas em Chicago: *Gang Leader for a Day: A Rogue Sociologist Takes to the Streets*. Nova York: Penguin Press, 2008.
21. "Lance Armstrong: USADA Report Labels Him 'a Serial Cheat'", BBC News, 11 de outubro, 2012. Disponível em: <https://www.bbc.co.uk/sport/cycling/19903716>.
22. William Bowers. *Student Dishonesty and Its Control in College*. Nova York: Columbia University Press, 1964.
23. Meredith Wadman, "One in Three Scientists Confesses to Having Sinned", Nature 435, nº. 7043 (Junho de 2005): 718–19. Disponível em: <https://doi.org/10.1038/435718b>.
24. Nicholas Wade, "Harvard Researcher May Have Fabricated Data", *The New York Times*, 27 de agosto, 2010. Disponível em: <https://www.nytimes.com/2010/08/28/science/28harvard.html>.
25. M. D. Hauser, "Costs of Deception: Cheaters Are Punished in Rhesus Monkeys (Macaca Mulatta)", Proceedings of the National Academy of Science 89, nº. 24 (1992): 12137–39. Disponível em: <https://doi.org/10.1073/pnas.89.24.12137>.
26. Nina Mazar, On Amir e Dan Ariely, "The Dishonesty of Honest People: A Theory of Self-Concept Maintenance", Journal of Marketing Research 45, nº. 6 (2008): 633–44. Disponível em: <https://doi.org/10.1509/jmkr.45.6.633>.
27. Martin Luther King Jr., "Letter from a Birmingham Jail [King, Jr.]", 16 de abril, 1963. Disponível em: <https://www.africa.upenn.edu/Articles_Gen/Letter_Birmingham.html>. Acesso em: abr. 2020.
28. David Souter, Ruth B. Ginsburg, David S. Tatel e Linda Greenhouse, "The Supreme Court and Useful Knowledge: Panel Discussion", Proceedings of the American Philosophical Society 154, nº. 3 (Setembro de 2010): 294–306. Disponível em: <https://doi.org/10.2307/41000082>.

6: Mentalidade

1. Para mais informações sobre como a Igreja Católica no Brasil demonizou Exu, sugiro a leitura de: Reginaldo Prandi, "Exu, de Mensageiro a Diabo. Sincretismo Católico e Demonização do Orixá Exu", Revista USP 50 (30 de agosto de 2001): 46. Disponível em: <https://doi.org/10.11606/issn.2316-9036.v0i50p46-63>.
2. John Pemberton, "Eshu-Elegba: The Yoruba Trickster God", African Arts 9, nº. 1 (Outubro de 1975): 20. Disponível em: <https://doi.org/10.2307/3334976>.
3. Joan Wescott, "The Sculpture and Myths of Eshu-Elegba, the Yoruba Trickster: Definition and Interpretation in Yoruba Iconography", Africa 32, nº. 4 (Outubro de 1962): 336–54. Disponível em: <https://doi.org/10.2307/1157438>.
4. Chip Heath e Dan Heath, "The Curse of Knowledge", Harvard Business Review, Dezembro de 2006. Disponível em: <https://hbr.org/2006/12/the-curse-of-knowledge>.
5. Para mais informações sobre pressupostos de conhecimento e desconstruções, ver Sheila Jasanoff, *The Fifth Branch: Science Advisers as Policymakers* .Cambridge: Harvard University Press, 1990.
6. Judith Hoch-Smith e Ernesto Pichardo, "Having Thrown a Stone Today Eshu Kills a Bird of Yesterday", Caribbean Review 7, nº. 4 (1978).
7. Steve Rayner, "Wicked Problems: Clumsy Solutions—Diagnoses and Prescriptions for Environmental Ills", First Jack Beale Memorial Lecture, University of South Wales, Sydney, Austrália, 25 de Julho, 2006, James Martin Institute for Science and Civilization.
8. Richard Gunderman, "John Keats' Concept of 'Negative Capability' — or Sitting in Uncertainty — Is Needed Now More than Ever", The Conversation, 22 de fevereiro, 2021. Disponível em: <https://theconversation.com/john-keats-concept-of-negative-capability-or-sitting-in-uncertainty-is-needed-now-more-than-ever-153617>.
9. Chip Heath e Dan Heath. *Made to Stick*. Nova York: Random House, 2010.
10. Esses termos foram usados pelo secretário da Defesa dos Estados Unidos, Donald Rumsfeld, numa coletiva de imprensa. Desde então, têm sido utilizados por vários estudiosos para descrever diferentes dimensões de incerteza; ver, por exemplo, Andy Stirling, "Keep It Complex", Nature

468, nº. 7327 (dezembro de 2010): 1029–31. Disponível em: <https://doi.org/10.1038/4681029a>.
11. As origens dessa expressão são contestadas. Alguns remontam ao ensaio de T. S. Eliot sobre Andrew Marvell; veja T. S. Eliot, *Selected Essays*. Nova York: Harcourt Brace Jovanovich, 1978.
12. Ann Langley, "Between 'Paralysis by Analysis' and 'Extinction by Instinct'", MIT Sloan Management Review, 15 de abril, 1995. Disponível em: <https://sloanreview.mit.edu/article/between-paralysis-by-analysis-and-extinction-by-instinct/>.
13. Essa analogia do tijolo estava na introdução do tradutor Brian Massumi em Gilles Deleuze e Félix Guattari, *A Thousand Plateaus: Capitalism and Schizophrenia*. Minneapolis e Londres: University of Minnesota Press, 1987.
14. Anil K. Gupta. *Grassroots Innovation: Minds on the Margin Are Not Marginal Minds*. Delhi: Penguin Random House, 2016.
15. Para mais informações sobre diferenças entre *insiders* e *outsiders*, consulte Roger Evered e Meryl Reis Louis: "Alternative Perspectives in the Organizational Sciences: 'Inquiry from the Inside' and 'Inquiry from the Outside'", Academy of Management Review 6, nº. 3 (Julho de 1981): 385–95. Disponível em: <https://doi.org/10.5465/amr.1981.4285776>.
16. *John Steinbeck, The Grapes of Wrath*. Nova York: Viking, 1939.
17. Para maiores informações, consulte Daniel Kahneman, Jack L. Knetsch e Richard H. Thaler, "Experimental Tests of the Endowment Effect and the Coase Theorem", Journal of Political Economy 98, nº. 6 (Dezembro de 1990): 1325–48. Disponível em: <https://doi.org/10.1086/261737>; e Dan Ariely. *Predictably Irrational: The Hidden Forces That Shape Our Decisions*. Nova York: Harper Perennial, 2010.
18. David Epstein. *Range: Why Generalists Triumph in a Specialized World*. Nova York: Riverhead Books, 2019.
19. Suresh S. Malladi e Hemang C. Subramanian, "Bug Bounty Programs for Cybersecurity: Practices, Issues, and Recommendations", IEEE Software 37, nº. 1 (Janeiro de 2020): 31–39. Disponível em: <https://doi.org/10.1109/ms.2018.2880508>.
20. Existem muitos estudos sobre o equilíbrio entre os conceitos de *exploitation* e *exploration* (por vezes chamada de ambidestria) na estratégia organizacional. Para obter mais informações, consulte James G. March,

"Exploration and Exploitation in Organizational Learning", Organization Science 2, nº. 1 (1991): 71–87. Disponível em: <http://www.jstor.org/stable/2634940>; e Charles A. O'Reilly and Michael L. Tushman, "Organizational Ambidexterity: Past, Present, and Future", Academy of Management Perspectives 27, nº. 4 (Novembro de 2013): 324–38. Disponível em: <https://doi.org/10.5465/amp.2013.0025>.

21. Ikujiro Nonaka e Johny K. Johansson, "Japanese Management: What About the 'Hard' Skills?", Academy of Management Review 10, nº. 2 (Abril de 1985): 181–91. Disponível em: <https://doi.org/10.5465/amr.1985.4277850>.

22. Para saber mais sobre abraçar a ambivalência e agir em situações de ambiguidade, leia este livro sobre pensamento sistêmico: Peter M. Senge, *The Fifth Discipline: The Art and Practice of the Learning Organization*. Nova York: Doubleday, 1990.

23. Existem estudos em diferentes áreas do conhecimento sobre o valor da atividade parcial em situações de ambiguidade. Ver, por exemplo, este importante estudo em administração pública: Charles E. Lindblom, "The Science of 'Muddling Through'", Public Administration Review 19, nº. 2 (1959). Disponível em: <https://faculty.washington.edu/mccurdy/SciencePolicy/Lindblom%20Muddling%20Through.pdf>.

24. Para mais informações sobre complexidade essencial e acidental, consulte F. P. Brooks, "No Silver Bullet Essence and Accidents of Software Engineering", IEEE Computer 20, nº. 4 (Abril de 1987): 10–19. Disponível em: <https://doi.org/10.1109/mc.1987.1663532>.

25. Para mais informações sobre complexidade, consulte Stuart A. Kauffman, "The Sciences of Complexity and 'Origins of Order'", PSA: Proceedings of the Biennial Meeting of the Philosophy of Science Association 1990, nº. 2 (Janeiro de 1990): 299–322. Disponível em: <https://doi.org/10.1086/psaprocbienmeetp.1990.2.193076>.

26. Para saber mais sobre problemas complexos, sugiro a literatura sobre "wicked problems", começando com este artigo seminal: Horst W. J. Rittel e Melvin M. Webber, "Dilemmas in a General Theory of Planning", Policy Sciences 4, nº. 2 (Junho de 1973): 155–69. Disponível em: <https://doi.org/10.1007/bf01405730>.

27. Migine González-Wippler. *Tales of the Orishas*. Nova York: Original Publications, 1985.

7: Pilares

1. Para mais informações sobre organizações complexas e "wicked situations", consulte Russell Lincoln Ackoff, Herbert J. Addison e Andrew Carey. *Systems Thinking for Curious Managers: With 40 New Management F-Laws*. Axminster, Devon: Triarchy Press, 2010; e Steven Ney e Marco Verweij, "Messy Institutions for Wicked Problems: How to Generate Clumsy Solutions?", Environment and Planning C: Government and Policy 33, nº. 6 (dezembro de 2015): 1679-96. Disponível em: <https://doi.org/10.1177/0263774x15614450>.
2. Abraham H. Maslow. *The Psychology of Science: A Reconnaissance*. South Bend: Gateway Editions, 1966.
3. Mary Douglas. *Natural Symbols: Explorations in Cosmology*. Abingdon: Routledge, 2003.
4. Utilizei informações da base de dados da Unicef sobre taxas de mortalidade por diarreia em todos os países, disponíveis no site do Banco Mundial, para comparar a Finlândia e a Zâmbia: <https://data.worldbank.org/indicator/SH.STA.ORTH>.
5. Institute for Health Metrics and Evaluation, "Diarrhoea Prevalence, Rate, Under 5, Male, 2019, Mean", University of Washington, 2018. Disponível em: <https://vizhub.healthdata.org/lbd/diarrhoea>.
6. Para saber mais sobre a extensão de nossa ignorância e como fazer análises e decisões mais baseadas em fatos, consulte Hans Rosling, Ola Rosling e Anna Rönnlund Rosling. *Factfulness: Ten Reasons We're Wrong About the World — and Why Things Are Better than You Think*. Nova York: Flatiron Books, 2018.
7. Paul Galdone. *The Three Little Pigs*. Nova York: Seabury Press, 1970.
8. UN High Commissioner for Refugees, "Figures at a Glance", UNHCR. Disponível em: <https://www.unhcr.org/uk/figures-at-a-glance.html>. Acesso em: abr. 2020.
9. Lewis Carroll. *Alice in Wonderland and Through the Looking Glass*. Nova York: Grosset and Dunlap, 1946.

8: As tangentes em sua organização

1. Will Schwalbe. *The End of Your Life Book Club*. Nova York: Knopf, 2012.

2. Para maiores informações, consulte Senge, The Fifth Discipline; Rittel e Webber, "Dilemmas in a General Theory of Planning"; Ackoff, Addison e Carey, Systems Thinking for Curious Managers; e Ney eVerweij, "Messy Institutions for Wicked Problems".
3. Para um exemplo desses estudos, consulte Thomas Gilovich e Victoria Husted Medvec, "The Experience of Regret: What, When, and Why", Psychological Review 102, n°. 2 (1995): 379-95. Disponível em: <https://doi.org/10.1037/0033-295x.102.2.379>.
4. Ian McEwan. *Solar*. Londres: Jonathan Cape, 2010.
5. Laurence J. Peter. *Peter's Almanac*. Nova York: William Morrow, 1982.
6. Essa ideia foi reproduzida por muitos profissionais de mudança sistêmica e tem sido usada por algumas organizações filantrópicas na área de impacto social, como a Omidyar Foundation. Para obter mais informações, leia Peter Serge, Hal Hamilton e John Kania, "The Dawn of System Leadership", Stanford Social Innovation Review 13, n°. 1 (2015). Disponível em: <https://doi.org/10.48558/YTE7-XT62>.
7. Roy Steiner, "Why Good Intentions Aren't Enough", Medium, Omidyar Network, 12 de maio, 2017. Disponível em: <https://medium.com/omidyar-network/why-good-intentions-arent-enough-698b161435f0>.
8. Para mais informações, consulte Steven Levy. *Hackers: Heroes of the Computer Revolution*. Sebastopol: O'Reilly, 2010; e Eric S. Raymond, ed. *The New Hacker's Dictionary*. Cambridge: MIT Press, 1991.
9. eWeek editors, "Python Creator Scripts Inside Google", interview of Guido van Rossum by Peter Coffee, eWeek, March 6, 2006. Disponível em: <https://www.eweek.com/development/python-creator-scripts-inside-google/>.
10. Para mais informações, consulte Eric S. Raymond, "The Cathedral and the Bazaar", First Monday 3, n°. 2 (2 de março, 1998). Disponível em: <https://doi.org/10.5210/fm.v3i2.578>; e Eric S. Raymond, "Homesteading the Noosphere", First Monday 3, n°. 10 (5 de outubro, 1998). Disponível em: <https://doi.org/10.5210/fm.v3i10.621>.
11. Roy F. Baumeister, Ellen Bratslavsky, Mark Muraven e Dianne M. Tice, "Ego Depletion: Is the Active Self a Limited Resource?", Journal of Personality and Social Psychology 74, n°. 5 (1998): 1252-65. Disponível em: <https://doi.org/10.1037//0022-3514.74.5.1252>.
12. Para mais informações sobre pivotagem, consulte John W. Mullins e Randy Komisar. *Getting to Plan B: Breaking Through to a Better Business Model*. Boston: Harvard Business School Publishing, 2009.

13. Reinterpretei as diferenças entre "scale up", "scale deep" e "scale down" a partir de Michele-Lee Moore, Darcy Riddell e Dana Vocisano, "Scaling Out, Scaling Up, Scaling Deep: Strategies of Non-Profits in Advancing Systemic Social Innovation", Journal of Corporate Citizenship 2015, nº. 58 (1 de Junho, 2015): 67–84. Disponível em: <https://doi.org/10.9774/gleaf.4700.2015.ju.00009>.
14. Para mais sobre expansão com aprofundamento de laços, consulte Cynthia Rayner e François Bonnici. *The Systems Work of Social Change: How to Harness Connection, Context, and Power to Cultivate Deep and Enduring Change*. Oxford: Oxford University Press, 2021.
15. Para uma visão crítica do impacto dos auxílios, consulte Dambisa Moyo. *Dead Aid: Why Aid Is Not Working and How There Is a Better Way for Africa*. Nova York: Farrar, Straus and Giroux, 2009.
16. Para saber mais sobre empreendedores sociais tidos como heróis, consulte estas três fontes: Alex Nicholls, "The Legitimacy of Social Entrepreneurship: Reflexive Isomorphism in a Pre-Paradigmatic Field", Entrepreneurship Theory and Practice 34, nº. 4 (Julho de 2010): 611–33. Disponível em: <https://doi.org/10.1111/j.1540-6520.2010.00397.x>; P. Grenier, "Social Entrepreneurship in the UK: From Rhetoric to Reality?", in *An Introduction to Social Entrepreneurship: Voices, Preconditions, Contexts*. Ed. R. Zeigler. Cheltenham: Edward Elgar, 2009; e A. Nicholls e A. H. Cho, "Social Entrepreneurship: The Structuration of a Field", in *Social Entrepreneurship: New Models of Sustainable Change*. Ed. A. Nicholls. Oxford: Oxford University Press, 2006.
17. Para obter mais informações sobre as consequências não intencionais dos esforços empresariais, consulte Robert K. Merton, "The Unanticipated Consequences of Purposive Social Action", American Sociological Review 1, nº. 6 (Dezembro de 1936): 894. Disponível em: <https://doi.org/10.2307/2084615>.
18. Herminia Ibarra. *Act Like a Leader, Think Like a Leader*. Boston: Harvard Business Review Press, 2015.
19. Herminia Ibarra, "Provisional Selves: Experimenting with Image and Identity in Professional Adaptation", Administrative Science Quarterly 44, nº. 4 (Dezembro de 1999): 764. Disponível em: <https://doi.org/10.2307/2667055>.
20. Rayner, "Wicked Problems".

21. D. W. Winnicott, "The Theory of the Parent-Infant Relationship", International Journal of Psycho-Analysis 41 (1960): 585–95. Disponível em: <https://icpla.edu/wp-content/uploads/2012/10/Winnicott-D.-The-Theory-of-the-Parent-Infant-Relationship-IJPA-Vol.-41-pps.-585-595.pdf>.
22. Para saber mais sobre o pragmatismo como uma escola de pensamento nas ciências sociais, consulte estes dois artigos: N. A. Gross, "Pragmatist Theory of Social Mechanisms", American Sociological Review 74, nº. 3 (2009): 358–79; e J. Whitford, "Pragmatism and the Untenable Dualism of Means and Ends: Why Rational Choice Theory Does Not Deserve Paradigmatic Privilege", Theory and Society 31 (2002): 325–63.
23. Malcolm Gladwell, "The Real Genius of Steve Jobs", *The New Yorker*, 6 de novembro, 2011. Disponível em: <https://www.newyorker.com/magazine/2011/11/14/the-tweaker>.
24. Para mais informações, consulte Sidney G. Winter, "Purpose and Progress in the Theory of Strategy: Comments on Gavetti", Organization Science 23, nº. 1 (Fevereiro de 2012): 288–97. Disponível em: <https://doi.org/10.1287/orsc.1110.0696>; Teppo Felin, Stuart Kauffman, Roger Kopp e Giuseppe Longo, "Economic Opportunity and Evolution: Beyond Landscapes and Bounded Rationality," Strategic Entrepreneurship Journal 8, nº. 4 (21 de maio, 2014): 269–82. Disponível em: <https://doi.org/10.1002/sej.1184>; e Lindblom, "The Science of 'Muddling Through'".
25. Adam Grant. *Originals: How Non-Conformists Move the World*. Nova York: Viking Penguin, 2016.
26. Grant, *Originals*.
27. Para saber mais sobre líderes como indivíduos que agem em situações de incerteza, consulte Hongwei Xu e Martin Ruef, "The Myth of the Risk-Tolerant Entrepreneur", Strategic Organization 2, nº. 4 (Novembro de 2004): 331–55. Disponível em: <https://doi.org/10.1177/1476127004047617>; Joseph Raffiee e Jie Feng, "Should I Quit My Day Job?: A Hybrid Path to Entrepreneurship", Academy of Management Journal 57, nº. 4 (agosto de 2014): 936–63. Disponível em: <https://doi.org/10.5465/amj.2012.0522>; Grant, *Originals*; e Ibarra, *Act Like a Leader, Think Like a Leader*.
28. G. Petriglieri, "The Psychology Behind Effective Crisis Leadership", Harvard Business Review, Crisis Management, 22 de abril, 2020. Disponível em: <https://hbr.org/2020/04/the-psychology-behind-effective-crisis-leadership>.

29. Russell L. Ackoff, "The Art and Science of Mess Management", Interfaces 11, nº. 1 (Fevereiro de 1981): 20–26. Disponível em: <https://doi.org/10.1287/inte.11.1.20>.
30. Para mais informações, consulte Uri Friedman, "New Zealand's Prime Minister May Be the Most Effective Leader on the Planet", The Atlantic, 19 de abril, 2020. Disponível em: <https://www.theatlantic.com/politics/archive/2020/04/jacinda-ardern-new-zealand-leadership-coronavirus/610237/>.
31. Para maiores informações, consulte "The Guardian View on Bolsonaro's Covid Strategy: Murderous Folly", editorial, *The Guardian*, 27 de outubro, 2021. Disponível em: <https://www.theguardian.com/commentisfree/2021/oct/27/the-guardian-view-on-bolsonaros-covid-strategy-murderous-folly>.
32. Para mais informações, consulte estas duas fontes: John F. Padgett e Christopher K. Ansell, "Robust Action and the Rise of the Medici, 1400–1434", American Journal of Sociology 98, nº. 6 (1993): 1259–1319. Disponível em: <http://www.jstor.org/stable/2781822>; e Amanda J. Porter, Philipp Tuertscher, e Marleen Huysman, "Saving Our Oceans: Scaling the Impact of Robust Action Through Crowdsourcing", Journal of Management Studies 57, nº. 2 (2020): 246–86. Disponível em: <https://doi.org/10.1111/joms.12515>.
33. Fabrizio Ferraro, Dror Etzion e Joel Gehman, "Tackling Grand Challenges Pragmatically: Robust Action Revisited", Organization Studies 36, nº. 3 (24 de Fevereiro, 2015): 363–90. Disponível em: <https://doi.org/10.1177/0170840614563742>.
34. Henry W. Chesbrough. *Open Innovation: The New Imperative for Creating and Profiting from Technology*. Boston: Harvard Business School Press, 2006.
35. Para maiores informações sobre co-criação, consulte C. K. Prahalad e Venkat Ramaswamy, "Co-Creation Experiences: The Next Practice in Value Creation", Journal of Interactive Marketing 18, nº. 3 (January 2004): 5–14. Disponível em: <https://doi.org/10.1002/dir.20015>.
36. Existem muitos estudos na psicologia e na economia comportamental sobre os perigos da conformidade e dos comportamentos de grupo indesejáveis. Veja este estudo seminal: Irving L. Janis. *Victims of Groupthink*. Boston: Houghton Mifflin, 1972.

1ª edição	SETEMBRO DE 2024
impressão	SANTA MARTA
papel de miolo	LUX CREAM 60G/M²
papel de capa	CARTÃO SUPREMO ALTA ALVURA 250G/M²
tipografia	PSFOURNIER